中国传统文化与未成年人精神成长丛书

傅书华◎主编
邢如萍◎编著

【中国古代的科学技术】

希望出版社

图书在版编目(CIP)数据

东方之光：中国古代的科学技术/邢如萍编著. --
太原：希望出版社,2012.3
（中国传统文化与未成年人精神成长丛书）
ISBN 978-7-5379-5698-7

Ⅰ. ①东… Ⅱ. ①邢… Ⅲ. ①自然科学史 - 中国 - 古代 - 青年读物②自然科学史 - 中国 - 古代 - 少年读物
Ⅳ. ①N092-49

中国版本图书馆CIP数据核字(2012)第040331号

中国传统文化与未成年人精神成长丛书

东方之光

——中国古代的科学技术

傅书华◎主编　邢如萍◎编著

出版人／梁萍
出版发行／希望出版社
地址／山西省太原市建设南路21号
邮政编码／030012
责任编辑／田俊萍
复审／陈炜
终审／孟绍勇
美术编辑／王蕾
装帧设计／韩石 汝俊杰
责任印制／刘一新

总经销／希望出版社发行部
0351-4123120
经销／各地书店
制作／北京鑫联必升文化发展有限公司
印刷／山西嘉祥印刷包装有限公司

开本／890mm×1240mm 1/32
印张／8.75
版次／2012年6月第1版
印次／2012年6月第1次印刷
书号／ISBN 978-7-5379-5698-7
定价／16.68元

编者的话 BIAN ZHE DE HUA

之所以编辑这套丛书，实在是来源于时时涌上心头且挥之不去的对现实的危机感。

从没有像现在这样，我深感当今未成年人精神成长的缺失。随便放眼看看，当今未成年人的生理成长、知识成长甚至心理成长都已经得到社会及家长的普遍重视，唯独未成年人的精神成长却至今未能引起大家的关注。不是吗？你看，即使是出生、成长于一般家庭的孩子，他的物质生活的条件，也还是能够满足他生命发育成长过程中所需要的物质需求的，至于出生、成长于家境较好的家庭中的孩子，营养过剩而偏于肥胖的更不在少数。大体说来，基于营养的健全，这一代未成年人较之他们的父母一代，其身体发育普遍提前、普遍超标应该是一个不争的事实。说到知识成长，你只要看看这一代未成年人那沉甸甸的书包，看看双休日他们频频出入于各种补习班的身影，听听那“现在最辛苦的就是中小学学生”的无奈感叹，你也就大略可以知晓，现在对未成年人的知识灌输是如何地慌不择路、饥不择食了。至于未成年人一代的心理成长，伴随着心理问题的频频产生，他们的心理健康问题总算是被大家认识到了，虽然补救的措施依旧不够得力，但总算在电视媒体上时时出镜，总算在家长的口头上也时时提及了吧。但时至今日，我们还很少听到关于这一代未成年人精神成长的话题。精神成长，在许多人的心目中，还是一个玄虚的话题，还是一个模糊的话题，而究其实，精神成长已然成为当今一代未成年人长大成人的时代性危机：生理上的提前成人，使他们精力充沛却不知将精力用于何处，甚至如纽曼所说，“如果他们话多，必乱说无疑”。知识上的强力灌输，使他们在这样一个技术至上的时代，越发将知识作为换取世俗功利的手段，甚至在极端情况下会不择手段。心理的成长，虽然使他们在自我与外部失衡的情况下，可以有效地做自我心理上的调节，但却离心智的成长相去甚远。明乎此，我们才会明白，精神的成长，是灵魂的健全，是人格的生成，是公民意识的培育，是对人的生命的自由实现的自觉意识的形成。既不同于传统的老中国，又不同于现代的西方国家的新的中国，需要的正是这样有着健全灵魂的一代新人。

精神的成长不是凭空地进行，需要汲取各种精神资源，但这些精神资源，不是那种换取世俗功名的“实用知识”，而是着意于“自由人”得以成长、形成的“自由知识”。概而言之，传统文化、现代文化、西方文化，都是新的一代未成年人所应该充满兴味地去有所涉猎的。而现在，当今的这一代未成年人，对此却缺乏应有的了解。网络的平面化、共时化，正在消解传统文化、现代文化以及西方文化对未成年人精神的深度滋养。我们常常看到，这一代未成年人，在时尚的潮流中，似乎无所不知、无所不晓，但一旦进入历史文化的深处，则两眼茫然、不知所措。与此同时，我们也看到，学术贩子、学术掮客在当今大行其道，真正的学术研究者却又深居“象牙之塔”，随之而来的是，未成年人精神成长过程中急需的健康的精神营养品，在文化市场中难觅其踪。

上述的时代危机，与哲社人文界“重研究、轻应用”的时弊密切相关。

哲社人文研究队伍人数众多，硕果累累，研究的深入程度、进度，也足以令人刮目相看。但这些成果又有多少转化为对公众精神需求的满足呢？当今哲社人文的许多评价体系，套用自然科技的办法，弊端多多，是这个时代自然科技吞噬哲社人文的显著标志。但是，也不完全如此。科技界特别注重将其成果、发明、专利转化为市场效益，相比之下，哲社人文界却缺乏这种意识。或许是中国传统的哲社人文研究“书上作书”的历史太过悠久，亦或许是其依附权力、体制的历史惯力过强，我在这里不作深入研讨，但根据目下哲社人文领域的现状，作出“重研究、轻应用”的判断大致还是不错的吧。这种“重研究、轻应用”，还表现在哲社人文界生产力分配的不平衡：现在全国哲社人文类的学术、文化期刊，包括各级高校的学报，数量众多，但这些文章中，如果不是绝大多数，起码有许多是刊发完了即作完结的吧。许多的研究者，宁肯耗尽自己的有限精力，写几篇上述类型的文章，而绝不肯把精力用于对新的学界成果做普及转化的工作。于是我们看到：一方面，是学术垃圾、文字垃圾比比皆是；另一方面，在前述未成年人精神成人危机面前，适合他们的精神读物，却少之又少。

令人沮丧的还远远不止如此。就是在这少之又少的提供给未成年人的精神读物中，文字模式化、格式化、干瘪无味的也不在少数。人的精神世界原本是鲜活的，充满生机的，满足人的精神成长需求的文字，也应该是如此的吧。但打开各种标榜有文化内涵、精神内涵的书刊，却又时时看到两类不堪卒读的文字：一类是没有精神深度的平庸不堪的时尚文字，一类是貌似深刻的“八股文字”。用这样的文字，又怎么能够在未成年人的精神成长的需求中，给他们以新鲜、充盈的精神滋养呢？

正是基于这种时时萦绕于心的危机感，我心中时时萌生着一种神往：神往于上个世纪30年代开明书店出版的由叶圣陶编写的《开明国语课本》以及由朱自清等著名学者编写的一系列的青少年读物；神往于朱光潜所写的《谈美——给青少年的十三封信》；神往于上个世纪60年代的《十万个为什么》；神往于大学者能有献身的精神，用大手笔为未成年读者写出的小文章；神往于那种深入浅出、生动活泼的哲社人文类文章……

于是，在神往中，有了“千里之行，始于足下”的冲动，从而才有了这套丛书的编写和出版。虽然，我们的努力，离预期目标还有差距，但无论如何，总算是有了引玉之砖了。我们期盼着有新的“开明书店”出版的未成年人读本，有新的《谈美——给青少年的十三封信》，有新的《十万个为什么》，更希望有对上述这些经典读本的超越。在此，我还要真诚地感谢希望出版社，感谢他们能有真诚的心灵，广阔的眼光、胸怀，出版了这套《中国传统文化与未成年人精神成长丛书》。

让我们继续努力，让我们充满期待，让我们切切实实地“救救孩子”。

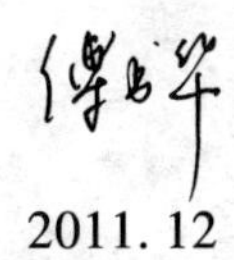

2011. 12

MU LU

DAO DU

我们的祖先勤于观察，善于实践，在走过的悠悠岁月中，经过一脉相承、绵亘不断的发展，创造了光辉灿烂的古代文明，发达的科学技术则是构筑这一文明大厦的基石。在科学技术的发现、发明方面，古老的神州大地产生了震撼世界的创造力。

《周礼·考工记》里记载：“知者创物，巧者述之，守之，世谓之工。百工之事，皆圣人之作也。”“烁金以为刃，凝土以为器，作车以行陆，作舟以行水，此皆圣人之所作也。”可见中国古人很早就重视对科学技术的发展，并给予最高的荣誉与评价，凡是重要的发明，都与圣人联系在一起，发明本身被看做是“圣事”或者“圣迹”。

1620年，英国哲学家弗朗西斯·培根出版了划时代的著作《新工具论》，书中指出：“完成著名的发现，是人类一切活动中最为高尚的活动，历代前人对于发明家们都给以神圣的尊荣，因为发现有利于整个人类。（造纸与）印刷、火药、指南针的发明对于彻底改变近代世界并使之与古代中世纪划分开来，比任何宗教信念、占星术的影响或任何征服者的成功所起的作用都要大。这些发明所影响的范围不是限于某一地区，而是改变了整个人类社会，时间达数百年之久。”①

很可惜，这位哲人永远都无法知道他大力推崇的“三大发明”原本都是中国人的创造！

从19世纪开始的百余年来，科学技术使人类的生活发生了天翻地覆的变化，世界经济在市场竞争和科学技术的带动下日益繁荣，人们渐渐认识到科学技术对社会发展的深刻影响。

欧洲幸运地成为近代科学的起源地，但应当指出，单靠古代希腊的科学遗产和中世纪时期零散的技术，是不可能构筑起近代科学技术大厦的。1990年11月13日的德国《法兰克福汇报》，刊登了题为《西方的许多发明归功于中国》的文章，其中提到：“有许多对世界发展起过重要作用的革新和发明来源于中国，只不过欧洲人对此没有必要的了解，甚至中国人自身也经常忘记有些东西是他们首先发明的。”

中国古代科学技术不仅创造了灿烂的东方文明，也照

---

① 〔英〕培根《新工具论》英文版 . book1，格言129，Bacon F. Novum Organum（1620），bk1，Aphorism129. In：Ellis，Spedding，eds. Bacon's philosophy works. London：Routledge，1905.

亮了全人类。假如不从中国引进罗盘、船尾舵等航海和导航的技术，欧洲绝不会出现导致地理大发现的航行，哥伦布也不可能抵达遥远的美洲，欧洲人更不可能漂洋过海，进行殖民侵略，建立殖民帝国。如果不从中国引进造纸术和印刷术，先进的欧洲可能会在更长一段时期内停留于手抄羊皮书的状况。欧洲在发明与发现方面的许多神话，被中国在科学技术上的许多事实一一推翻了。约翰·古登堡根本不是活字印刷的发明者；威廉·哈维也不再是人体血液循环发现的第一人；伽利略于1610年对太阳黑子的观测也并非是首次，中国古人已经在公元前4世纪就已经开始系统地观测太阳黑子的活动。当外国传教士把他们国家的机械钟带到中国时，国人可知机械钟真正的发明者正是我们自己？

中国古代建立的四大学科——天文学、算学、农学和医学，形成了中华民族独特的科学体系。中国古代的技术发明几乎遍布各个领域，其成果之多，技术之精湛，遥遥领先于世界各国，并对整个人类社会产生了重要的影响。中国人的智慧和创造力，对整个人类社会的发展进程所作出的贡献，远远超出了我们的想象力。

古罗马哲学家西塞罗说过：“一个人不了解他生下来以前的事，那他始终只是一个孩子。”的确，中国人对自己的民族曾经有过的成就不甚了解，在很长一段时间里我们甚至遗忘了自己的祖先曾经走过的辉煌之路。

应当感谢英国科学史学家李约瑟，他是第一位为中国古代科学技术的发展及其对人类的贡献树碑立传的外国人。李约瑟倾注了他毕生的精力，以浩瀚的史料、确凿的历史证据，写出庞大的《中国科学技术史》，这套多卷本的著作堪称世界上研究中国科技史最完备、最深刻、最具特色的一部里程碑式的著作。《中国科学技术史》全面、系统地重现了四千年来中国科学技术的发展史，向世人展示中国的文明为世界科学技术的发展所起的重要作用，证明“在现代科学技术登场前的十多个世纪里，中国在科技和知识方面的积累远远胜于西方”。

自近代文明在西方崛起之后的三百多年来，中华民族落后了，但我们是有过光荣历史的民族！了解自己民族的悠久历史，旨在以史为鉴，发扬其长处，弥补其不足。寻找民族自豪感，是相信我们仍能继续创造新的辉煌，就让历史照亮我们未来的行程吧。

中国古代天文学

中国是天文古国，也是天文大国，天文学是我国最古老的科学。在远古时代，好奇的先民仰观天文，辨识各种星座，探索天体运行规律，并划分星空体系。古代天文学研究的基本内容可以概括为：在给定的时间、地点，推算出日、月五大行星在天球上的位置。古代天文学家靠勤劳、智慧和耐心对中国古代天文观测和历法制定作出了重大贡献。

提起我国历史上的盛世帝王，身边总少不了一位懂得观测天象、预知未来的神秘人物，比如孙权身边的吴范、杨坚身边的张宾、李世民信赖的李淳风、辅佐朱元璋的开国功臣刘基，人们惊讶于他们的神机妙算。这些人的共同特点是懂得所谓的“通天之术”，古人称之为“天学”。其实这些人并不神秘，他们之所以能预知未来，关键是掌握了天体运动的一些规律。

中国是天文古国，也是天文大国，天文学是我国最古老的科学。在远古时代，好奇的先民仰观天文，辨识各种星座，探索天体运行规律，并划分星空体系。古代天文学研究的基本内容可以概括为：在给定的时间、地点，推算出日、月五大行星在天球上的位置。古代天文学家靠勤劳、智慧和耐心对中国古代天文观测和历法制定作出了重大贡献。

古代天文学特征

◇古代天文学制度

著名史学家司马迁在《史记》中说：“……有天地神类之官，是谓五官。各司其序，不相乱也。”① 意思是说，天地和神明间的万物分为五大类，叫做“五官”，五官根据各自的规律在运行，相互间不会产生干扰和混乱。这是中国古代“天人合一”思想的萌芽和天文事业的基本观念。

受“天人合一”传统宇宙观的影响，古人笃信上天通过种种“天象”来表示对人间事物的警示和嘉许，并设法赋予各种天象以事实意义，称之为“占星学”。历代封建帝王则被视为“天子”。既然古人赋予天象以非常特殊的意义，作为天子的历代帝王无疑非常重视天象的观察与记录。中国古代历朝历代都设有专门的天学机构，有专人时刻监视天空，负责记录各种天象，并向天子汇报。黄帝之后不久，我国就设立了负责天文、历法的官职“火正”，专门对火星进行观测，根据其出没来指导农业生产。观测日月星辰，预告日食月食，确定节气时间，制定授时历法，就成了古代天文官吏的职责

① 出自《史记·历书》。

和使命。

我国古代天文学表现出自身的特殊性。首先，天文学机构是各朝各代政府中的一个重要部门，供职于天学的人员属于朝庭官员，甚至担任高官并拥有特殊的政治地位；其次，古代天文学是中国古代政治统治中王权成立的必要条件，并逐步演变为王权统治的象征，表现为历朝历代的天意传达和政治情报内容；作为古人想象中的“通天”手段，天象关乎天子的命运，天机不可泄露。所以，对于广大公众而言，天文学是一门被严厉禁止的学问，不准民间私藏、私习天文学书籍，严酷的制度禁令，常人难以想象。

◇古代历法特征

历法是关于时间计算方法的一门科学。它以天象的变化规律为依据，属于天文学的一个分支领域。世界上主要有三种历法：阳历、阴历和阴阳历。

阳历亦即太阳历，其历年为一个回归年，现在国际通用的公历即为太阳历的一种，简称阳历。

阴历亦称月亮历，或称太阴历，其历月是一个朔望月，历年为 12 个朔望月，其大月 30 天，小月 29 天。

我国古代历法为阴阳历，阴阳历的平均历年为一个回归年，历月为朔望月。这种历法包括三个计量单位：年、月、日。它兼顾了太阳和月亮运行规则，既与月相相符，也与地球绕太阳周期运动相符合，称为农历，清代人们称之为黄历。这种历法自成体系，独树一帜，是我国古代天文学发达的结果。

● 阴阳历

我国传统的阴阳历是如何形成的呢？

“历之验，本在于天”[①]，中国古代天文学家通过观察和计算，寻找天体运动的规律，并以符合这些规律作为制定历法的指导思想。也就是说，中国古代历法的基本原理，是依天象变化的规律为标志，来计量较长的时间（天）间隔，判断气候变化，预示不同季节来临。

在古人心目中，大地是宇宙的中心，日月星辰都围绕地球转。所以，我国古人不但以季节变化规律为依据，即一个回归年，还兼顾月相的圆缺变化周期纪月，月亮运行一周为一个月，月圆之日为望日，即十五；月初起之日为朔日，即初一。因为 12 个朔望月与回归年相差太大，所以又设置了闰月。而一日则是一个昼夜变化，以夜半之时为一日的起点，以两个夜半之间的时间为基准。这样的历法称为阴阳历。

● 节气

中国古代历法中还有节气的设置，这是我国传统历法的

---

① 出自《后汉书·律历志》。

一大特点。大约在公元前7世纪的春秋时期，就已经产生了节气的概念。现行的二十四节气，古人很早就已经确定下来，大概时间在公元前3世纪末的秦汉之交。

二十四节气又是如何来的呢？

直到公元6世纪以前，我国古人一直认为太阳在一年当中的运动是匀速的。所以，最初把太阳的一个回归年分成24等分，均匀地分布于一年之中。这种方法称为平气法，直到明代仍在使用这一方法确定节气。但是，平气法是有缺陷的。公元6世纪的北齐时期，人们发现太阳运动的不均匀性，天文学家张子信提出“日行在春分后则迟，秋分后则速”① 的说法。

由于太阳运动的不均匀性，我国天文学家引入一个新的天文学名词——“黄道”。从地球上看，太阳在一年中运行的轨道叫做黄道，它是天文学家在天球上假设的一个大圆圈，也可以理解为地球轨道在天球上的投影。黄道和赤道平面相交于春分点和秋分点。

从隋朝开始，天文学家主张根据太阳运行的轨道来划分节气。《皇极历》是我国第一部考虑太阳运动不均匀性的历法。在这部历法中，天文学家刘焯给出了我国历史上第一张完整的太阳运动不均匀性改正表——日躔②表。表中第一栏

① 出自《隋书·天文志》。

② 躔，读音 chán。

是中国历法中的月份；第二栏是每个节气内太阳实测行度与平均行度之差，可反映出太阳运行速度围绕平均值波动的情况；第三栏为第二栏数值的累计值；第四栏是平气法确定的一年当中的 24 个节气。

考虑到太阳运动的不均匀性，于是出现了划分节气的新标准——“定气法”。定气法以冬至日为起点，把黄道分成 24 等分，这样太阳的位置在每个节气是固定的，但每个节气的时间长度却不相等。我国目前二十四节气的设置，采用的就是定气法。定气法最早使用于清代的《时宪历》。

二十四节气的设置有什么重要意义呢？

新的二十四节气反映了太阳的运行规律和地面上春夏秋冬四季冷热变化规律的相关性。人们只要知道了所处的节气，便可大概了解一段时期内的气候状况。夏至日时，太阳最接近垂直照射，但天气还不到最热的时候，而是气温逐渐升高。与此相似，最冷的时候也不是在冬至日，而是在冬至后气温逐渐降低，需一个月左右才达到最冷。

我国古人在生产劳动中发现，人们的生产实践活动与自然现象有密不可分的联系，如果利用自然现象的变化规律作为计量时间的尺度，将会为生产活动带来极大方便和好处。历法作为中国古代天文学的基本内容，反映了中国古代天文学思想的实用性和客观性。

中国日躔表[①]

11	28	0	冬至
12	24	28	小寒
	20	52	大寒
1	20	72	立春
	24	92	雨水
2	28	116	惊蛰
	-28	144	春分
3	-24	116	清明
	-20	92	谷雨
4	-20	72	立夏
	-24	52	小满
5	-28	28	芒种
	28	0	夏至
6	24	-28	小暑
	20	-52	大暑
7	20	-72	立秋
	24	-92	处暑
8	28	-116	白露
	-28	-144	秋分
9	-24	116	寒露
	-20	-92	霜降
10	-20	-72	立冬
	-24	-52	小雪
11	-28	-28	大雪

① 此表截取自刘焯《皇极历》，原表有六栏。

古代天象纪事

我国古代天文学家对天象的观测虽不是出于自觉的科学意识，但他们将一些自认为有重要意义的天象事件记录在案。斗转星移，天象更迭，千百年后，这些记录却成为现代天文学研究中非常珍贵的历史资料。

我国科学史学者全面考证历代官史、地方志以及现存各种古籍中的天象记录，汇集成为《中国古代天象记录总集》一书。其中涉及日食、月食、月掩行星、新星和超新星、彗星、流星及流星雨、陨石、太阳黑子、极光等各种天象，有的甚至达上千次①。我国古代的天象观测记录被世界公认为最悠久最系统，这是祖先留给我们的宝贵遗产，它有非常重要的科学意义和价值，利用这些古代记录来比对现代天文观测，可以得出各种行星和恒星的运动规律和变化信息。

◇太阳黑子的记录

太阳分为大气层和人类目前无法预知的内部结构，人们用肉眼能直接观测到的其实只是太阳的大气层，大气层从里到外分为光球层、色球层和日冕层。在太阳的光球层上，有

① 据考古学家分析，由于占星术服务于封建帝王，所以为了特殊的政治目的，某些天象很有可能是伪造的。

一些漩涡状的气流，中间下凹，像是一个浅盘，看起来是黑色的，这些漩涡状气流就是太阳黑子，也称为“日斑”。

黑子是太阳活动最基本、最明显的现象。黑子本身并不黑，之所以看得黑是因为与光球层温度相比，温度大约低1500℃，所以在更加明亮的光球衬托下，看起来就是较暗黑的黑子了。太阳黑子很少单独活动，常常成群出现。当大黑子群具有漩涡结构时，预示着太阳将会出现剧烈的活动和变化。

中国是世界上最早观测和记录太阳黑子的国家。《汉书·五行志》中记载河平元年（前 28 年）三月出现的太阳黑子：“河平元年……三月乙未[①]，日出黄，有黑气大如钱，居日中央。”这是世界公认最早关于太阳黑子的记录，这一记录将黑子出现的时间与位置叙述得详细清楚。

其实还有更早的记载。《淮南子》中有“日中有踆乌”的记述，也是关于太阳黑子的记录，这个时间大约在公元前 140 年。《汉书·五行志》中引用《易传》中的记载：“元帝永光元年四月……日黑居仄，大如弹丸。”这是公元前 43 年的事件，也比国际公认的时间早，甚至有人推测中国古代关于太阳黑子的记录应在公元前 400 年。

太阳黑子出现后，会有一个形态变化的过程，时间长短不

---

① 乙未为原书笔误，实为已未，时为公元前 28 年 5 月 10 日。

一，极个别会持续数月之久。古人对黑子的观察还包括黑子消长的过程和时间，并留有详细的记录。《后汉书》中记载发生在公元188年的黑子的形态变化：“中平五年正月，日色赤黄，中有黑气如飞鹊，数月乃销。”《宋史·天文志》记载，宋高宗“绍兴元年二月乙卯，日中有黑子，如李大，三日乃伏。六年十月壬戌，日中有黑子，如李大，至十一月丙寅始消”。

太阳黑子到底是如何形成的？天文学家很难给出确切的答案，至今仍是个谜。可以肯定的是，黑子是太阳物质的一种激烈活动，它对地球的影响很明显。大气中的磁暴现象就与太阳黑子的发生有关。当太阳上有大群黑子出现的时候，地球上的指南针会乱抖动，不能正确指示方向；平时很善于识别方向的信鸽会迷路；无线电通讯受到严重阻碍，甚至会突然中断一段时间。这些反常现象将会对飞机、轮船和人造卫星的安全航行等造成很大的威胁。

天文学家从1755年开始标号统计黑子活动，发现黑子消长的周期大约为11年[①]，这一周期也是整个太阳活动的周期。天文学家鲁道夫·沃尔夫提出，从1755年至1766年的周期为第一个太阳活动周期，依次排列。天文学家把太阳黑子数最多的年份称为“太阳活动峰年”，太阳黑子数最少的

① 黑子消长的周期是德国业余天文学家塞瑟尔·海因里希·施瓦布首先得出的。

年份称为“太阳活动宁静年”。

在西方人的思想当中，宇宙是完美的。这种先入为主的观念限制了他们对各种宇宙现象的客观认识。欧洲人关于太阳黑子的观察应当是在使用天文望远镜之后。艾因哈德在《查理曼的生平》一书中也有关于太阳黑子的记录，那是关于807年8月19日的黑子记录，当时被误认为是水星凌日，并没有看做是太阳黑子。

相比较而言，中国古人更为理性和客观。美国天文学家海尔如此赞叹中国人在太阳黑子观测方面的成就：“中国古代观测天象，如此精勤，实属惊人。他们观测日斑，比西方大约早两千年，历史上记载不绝，并且都很正确可信。”①

◇彗星的记录

彗星是绕太阳运行的一种质量较小的天体，呈云雾状，包括彗发、彗核、彗尾三部分。彗星离太阳近时，彗发变大，太阳风和太阳的辐射压力把彗发的气体和微尘推开生成彗尾，形状极像一把大扫帚，所以民间百姓称彗星为“扫帚星”。中国古代书籍中称彗星为“孛星”、“长星”、“蓬星”等。

---

① ［美］罗伯特·K. G. 坦普尔著，陈养正等译，《中国：发明与发现的国度》，二十一世纪出版社，1995年第1版，第52页。

● 对彗星的记载和认识

中国人对彗星的观测和研究大约有四千多年的历史。我们的祖先早在两千多年前就已经对各种形态的彗星进行了认真的观测，发现了彗星的不同形态。

1973 年，我国考古工作者在长沙马王堆汉代古墓中发现了一张精致的彗星图，图中画有 29 幅各种形态的彗星，不仅画出了三尾彗、四尾彗，似乎还显示有彗核。彗核可是今天用高倍望远镜也很难观察到的。

关于彗尾的成因，中国古人很就有了比较正确的解释，认为彗星本身不发光，而是反射太阳光，彗尾是背着太阳的。《晋书·天文志》记载："彗体无光，傅日而为光，故夕见则东指，晨见则西指。在日南北，皆随日光而指。顿挫其芒，或长或短……"这足以说明中国古代的天象观测是何等的精细入微！

● 对哈雷彗星的记载完整准确

哈雷彗星是一颗周期性彗星，它绕太阳运行的周期为 76 年，由于英国天文学家哈雷 1705 年最先准确预言它的回归年，因而命名为"哈雷"。

中国古人拥有人类历史上最早、最完整的哈雷彗星记录，这是世界任何一个国家都无法比的。《春秋》中记载鲁文公十四年出现彗星，“秋七月，有星孛入于北斗”。“孛”即彗星的别称。国际上公认的哈雷彗星的最早记录是《史记·秦始皇本纪》[①]：“始皇七年[②]，彗星先出东方，见北方，五月见西方，……彗星复见西方十六日。”这次彗星记录时间及其位置与现代天文家推算的完全吻合。

从鲁文公十四年（前613年）开始到清代宣统二年（1910年）止，哈雷彗星共出现过31次，令人惊叹的是，哈雷彗星的每次出现，我国的史籍和地方志中都有详细的记录。

我国已故著名天文学家张钰哲晚年详细考证《淮南子·兵略训》中“武王伐纣，……彗星出而授殷人其柄”这段文字，他认为记载中的这颗彗星应该也是哈雷彗星。依据是，哈雷彗星的运动轨迹是有规律的，张钰哲计算了近四千年哈雷彗星的轨道，并从其他相互印证的史料中肯定了武王伐纣的确切年代应为公元前1056年，这样我国哈雷彗星的最早记录时间又往前推了八百多年。

◇日食的记录

日食是太阳被月球遮蔽后产生的现象。月球在绕地球运行的过程中，有时会走到太阳和地球中间，这时月球的影子

---

① 古书《竹书纪年》中有“周昭五十九年春，有星孛于紫微”的记录，但该书的真实年代尚存有疑问，所以无法确定是最早的记录。

② 始皇七年，即公元前240年。

落到地球表面上，位于影子里的观测者便会看到太阳被月球遮住，这就是日食。此处的“食”就是指一个天体被另一个天体或其黑影全部或部分被掩遮的天文景象。

另外，日食必发生在朔日，即农历的初一。这是因为只有在那一天，月亮才会出现在太阳与地球之间的连线上，才有月球挡住太阳而形成日食的可能。

但是，并不是每个朔日都会出现日食，这是为什么呢？因为除了上面的条件外，影响日食和月食生成的还有其他一些因素。黄道平面与白道平面之间平均有5°09′的夹角，只有当月球运行到黄道和白道的升交点和降交点附近时，才会发生日食。

万物生长靠太阳，太阳如果消失，结果是很可怕的。日食发生时，本来光芒四射的太阳突然变得暗淡无光，成为一个暗黑的圆面，星星出现在天空。在人们还不了解原因的情况下，日食的发生让古人极度恐慌，历史上几乎所有的民族都认为日食是一种凶兆。所以，日食成为古人重点观测的天象之一，历朝历代的天文官作为封建帝王“通天”的媒介和信使，对于日食的观测与预报从来不敢懈怠。

三千多年前，殷墟甲骨文中已有关于日食的记载。我国最早的历史文献汇编——《尚书》[①] 中记载了发生在仲康时

① 汉代被称作《尚书》，后因为成了儒家的重要经典，被称为《书经》。

期的一次日食："乃季秋月朔，辰弗集于房，瞽奏鼓，啬失驰，遮人走……"尽管文中没有明确提到"日食"二字，但可以肯定是关于日食的一次记录，后人称之为"书经日食"或"仲康日食"。文中描述了夏朝的仲康元年日食发生时人们惊慌失措的场面以及救日仪式，还提到每当发生"天狗吃太阳"时，监视天象的天文官羲和在第一时间观测到，然后以最快的速度上报朝廷，随后天子会率领众臣到殿前设坛，把太阳重新召回。

《诗经·小雅》中以诗歌的形式记载了发生的日食："十月之交，朔日辛卯。日有食之，亦孔之丑。"根据历史学家考证，这次日食发生在周幽王六年，即公元前776年。

关于日食的成因，我国古人很早就开始探究，并逐步获得正确的认识。西汉的刘向就说过："日蚀者，月往蔽之。"东汉的王充在《论衡·说日篇》中引述过别人的明确说法："或说，日食者月掩之也。日在上，月在下，障于日之形也。"

日食的发生具有一定的周期性。我国是世界上较早发现日食周期的国家之一。大约从公元3世纪起我国就能预报日食初亏和复圆的方向，西汉末年刘歆总结出一种周期，认为135个月中要发生23次日食。

到了唐代，我国的天文历法已经取得了长足进步，能够比较准确地预报日食。唐代《隋唐嘉话》中记载，李淳风综合前人许多历法的优点，又融入自己的新见解，编成一部全新的历法，后被称为《麟德历》。李淳风曾预言将会出现日食，并把自己推算的精确时刻上奏给朝廷。果然，在他预言的那个时刻天上的太阳开始被一个黑影侵入，日食发生了。如果按照旧有历书，这天是没有日食的。

世界天文学家普遍承认中国古代日食记录的可信程度。从我国春秋时期到清代同治十一年（前770—1874），有明确记载的日食共985次。其中年月不符合，无法证实的仅有8次。这是一份珍贵的科学遗产。

日食天象就像是一座相当精确的历史时钟，后人可借助于相关记载来确定一些历史事件的准确时间。而且，现代天文学家和物理学家还可以利用这些珍贵的史料，来探讨地球自转的不均性等重要课题。

◇流星的记录

在繁星密布的夜空中，常常能看到一道白光一闪而逝，这就是流星，人们也称它为“贼星”。有时候我们可以看到天空中有无数亮光四下飞流，好像下雨一样，这就是壮观的流星雨现象。后人通常以流星雨起始点所在的星座命名它，如天琴座流星雨（群）、狮子座流星雨（群）等。流星和流星雨是行星际空间中叫做流星体的尘粒和固体块闯入地球大气圈，同大气摩擦燃烧产生的光迹。

古人对流星群、流星的记载，早于其他国家。古书《竹书纪年》中就有关于流星的记录："夏帝癸十五年，夜中星陨如雨。"

我国古代的流星雨记录达180次之多，它对于流星群轨道演变的现代研究，有着重要参考价值。《左传》中有关于天琴座流星雨的记载，"鲁庄公七年[①]夏四月辛卯夜，恒星不见，夜中星陨如雨"。公元461年曾出现的一次惊心动魄的天琴座流星雨，《宋书·天文志》中作了十分精彩的描述："大明五年……三月，月掩轩辕。……有流星数千万，或长或短，或大或小，并西行，至晓而止。"《新唐书·天文志》中，详细描述了714年英仙座流星雨出现时的壮观场景："开元二年五月乙卯晦，有星西北流，或如瓮，或如斗，贯北极，小者不可胜数，天星尽摇，至曙乃止。"

中国人不仅详细记录流星的发生，而且很早便能准确指出陨石的来历。《史记·天官书》中说"星坠至地，则石也"，沈括在《梦溪笔谈》中已提到陨石的成分了，欧洲人直到18世纪才开始关注陨石。1768年，他们发现三块陨石后，巴黎科学院推举化学家拉瓦锡作出相关研究和解释，但他得出的结论却大大出乎人们的意料："石在地面，没入土中，电击雷鸣，破土而出，非自天降。"到1803年，欧洲人

① 鲁庄公七年，即公元前687年。

才真正了解了陨石的由来，相比之下，我国在这方面要先进得多。

◇新星和超新星的记录

新星或超新星，都是恒星的一种，它远在太阳系之外，通常不容易被看见。但由于内部结构的突然改变，引起爆发，在几天内其亮度一下增加了几千倍到几万倍甚至到几万万倍，持续一段时间后，这种恒星的亮度会明显减弱，直至肉眼又看不见。古人觉得它来了又离去，像是天空中的匆匆过客，所以称之为“客星”。

商代甲骨卜辞中就记载了大约公元前 14 世纪（或公元前 13 世纪）出现的一颗新星，这一记载被看做是世界上第一次关于新星的发现记录。

《汉书・天文志》中记载：“元光元年五月，客星见于房。”这是记录公元前 134 年出现的一颗新星。关于这颗新星的出现，中外史书中均有记载，可以相互印证。但与其他国家的记载相比，《汉书・天文志》中的记载不仅写明了时间，还写明了方位。

到宋代，天文学家对超新星的记载更加详细、更加完整。《宋史・仁宗本纪》中有这样的记载：“嘉祐元年[①]三月辛未，

---

① 嘉祐元年，即 1056 年。

司天监言：自至和元年[1]五月，客星晨出东方，守天关，至是没。”对于同一事实的记载，还有另外两处。《宋史·天文志》中记载：“宋至和元年五月己丑，客星出天关东南可数寸，岁余稍没。”《宋会要辑稿》记载：“嘉祐元年三月，司天监言：‘客星没，客去之兆也。’初，至和元年五月，晨出东方，守天关，尽见如太白，芒角四出，色赤白，凡见二十三日。”这三处记载都是对同一颗超新星的记录，古人对它出现的时间和消失的时间记录得相当清楚。现代天文学家把古书中记载的“天关客星”又称为“中国新星”。

新星和超新星爆发后，会留下遗迹。中国新星之所以备受关注，是因为它和后来天文学发现的蟹状星云有密切关系，因而也成为一颗历史上有过记载的著名新星。

1731 年，一名英国天文爱好者首次用小型望远镜发现了朦胧的雾斑样的椭圆形物体。1771 年刊布的《梅西耶星表》，把它列为第一号天体 M_1。1844 年英国的罗斯用他自制的大型反射望远镜观察到星云为纤维状结构，同时他根据目视观察的印象，把星云描绘成蟹钳状，因而被命名为“蟹状星云”。1921 年美国对比两张相隔 12 年的照片，确定蟹状星云仍在膨胀。1942 年荷兰天文学家奥尔特根据膨胀的速度，推测蟹状星云是 900 年前的一颗超新星

① 至和元年，即 1054 年。

爆发后形成的产物，因而天文学家认为蟹状星云的前身应该就是中国古人记录的“天关客星”，即中国新星。1054年中国新星爆发，它的遗迹便是蟹状星云。

天文学家认为，超新星爆发后有可能形成射电源，也就是说，可以通过观测天体的无线电波来研究天文现象。但是，由于超新星的爆发极其罕见，而验证以上设想，需要借助于人类长期积累的观测资料。1953年，为了证实超新星的爆发、射电源与蟹状星云三者的密切关系，说明白矮星是超新星爆发后所剩下的，以及超新星爆发时所抛出的物质即上述星际物质，便需要了解约在一千年以前金牛座是否有超新星爆发的详细记载。为此，苏联天文学家曾经写信给中国科学院，希望在我国古代的天文记录中找出是否有相关的记载。

前苏联通讯院士什克洛夫斯基在《无线电天文学》一书中如此评价中国古代在新星和超新星方面的观测：“经过几千年后，这些人们的劳动正如宝贵的财富一样，把它放入了20世纪50年代的科学宝库之中。”

古代天体观测仪

观测仪器对于天文学很重要。元代著名的天文学家郭守敬曾经提出“历之本在于测验，而测验之器莫先于仪表”。

众所周知，望远镜是荷兰人在1608年发明的，意大利物理学家伽利略是使用望远镜观察星空的第一人。中国古人在没有望远镜的条件下，面对天空难以计数的繁星，他们是依靠什么得到准确度很高的观测数据的呢?

古代在历法制订中所要求的天文观测，主要是两类：一类是测定二十四节气，特别是冬至和夏至的确切时刻，使用的仪器是圭表；另一类是测定天体在天球上的位置，使用的主要工具是浑仪。我国古代天文学家设计制造了各种精密而先进的天体测量仪器和天文台，这类仪器经过多次的改进和完善，与当时的天文学理论自成一体。依靠这些仪器，他们得到准确、可靠的观测数据。

◇浑仪和简仪

● 浑仪

没有条件，中国古人可以创造条件。没有望远镜，单凭肉眼观察天体，他们就想办法设计仪器，提高天体测量的准确性。

浑仪是我国古代天文学家以浑天说为理论依据，制造的测定星体方位的仪器。浑天说是古代完整的宇宙观，这一学说集理论、仪器和测量工作于一体。东汉杨雄在《法言》中有这样的记载：“或问浑天，曰：落下闳营之，鲜于妄人度之，耿中丞象之。”意思是说，落下闳制造了浑仪，鲜于妄人用浑仪做了天体测量工作，耿寿昌依据浑天说制造了模拟天球运行的仪器。

早期的浑仪比较简单，它的改进和完善，经历了一个由简而繁后又由繁而简的历程。

最原始的浑仪由两个环圈组成：一个是固定的赤道环，它的平面和赤道面平行，环面上刻有周天度数；另一个是四游环，也叫赤经环，能够绕着极轴旋转。在四游环上附加有观测用的窥管，窥管可以绕着四游环的中心旋转，类似于天文望远镜，只是没有镜头而已。

从汉代到北宋，为了便于测量太阳的位置，浑仪的结构越来越复杂，东汉中期的傅安和贾逵在最初的浑仪上安装了黄道环；张衡又加上地平环和子午环。唐代天文学家李淳风设计了一架比较精密完善的浑天黄道仪。整个仪器由里到外分为三层：外层叫六合仪，包括地平圈、子午圈和赤道圈；中层叫三辰仪，是由白道环、黄道环和赤道环构成；里层叫四游仪，包括一个四游环和窥管。现今陈列在南京紫金山天文台的浑仪是明正统四年（1439 年）复制的仪器，基本就是以上所述结构。

随着天文学的发展，观测项目越来越多，相应的仪器上所加环圈越来越多，结构越来越复杂。相互交错的圈环遮蔽了天区，严重影响观测范围和有效测量，使用起来也很不方便。为了克服上述缺点，从北宋开始，天文学家设法简化浑仪。沈括开创了简化浑仪的先河：他首先取消了白道环，月亮的位置直接用计算的方法确定；又改变了浑仪中黄道环、赤道环的位置，使它们不再遮挡对天空的视线。

取消白道环是浑仪发展史上的重要转折。沈括对浑仪的简化，为天文学仪器的发展开辟了新的途径。元代天文学家郭守敬进一步对浑仪进行简化和革新，在浑仪基础上发明了简仪。

● 天文学家郭守敬和简仪

郭守敬，河北邢台人，元代著名的天文学家。美国格里菲思天文台的克虏伯曾这样评价："郭守敬是世界上最优秀的天文学家。"

1276 年，郭守敬奉命参加编制新的历法。四年后，《授时历》基本完成。这是中国古代一部优秀的历法，在制定过程中，郭守敬做出了卓越的成绩。

郭守敬在制定历法之初就认识到仪表的重要性。他在三年之内，共设计出简仪、高表、星晷定时仪等 12 种新的天文仪器，其精巧程度和准确度远远超过前人。

郭守敬制作的简仪主要包括赤道装置和地平装置，这两个装置是相互独立的。赤道装置用于测量天体的去极度和入宿度（赤道坐标）。它与现代望远镜中广泛应用的天图式赤道装置的基本结构相同，由北高南低两个支架托着南北方向的极轴，围绕极轴旋转的是四游双环，四游环上的窥管两端安有十字丝，它是现代望远镜中十字丝的鼻祖。

极轴南端重叠放置固定的百刻环和游旋的赤道环，观测时，将窥管对准某颗待测量的星星，然后在赤道环和百刻环的刻度盘上直接读出这颗星星的位置值。

为了减少百刻环与赤道环之间的摩擦，在两环之间还安装了四个小圆柱体，这种结构与近代滚柱轴承原理相同，目的都是为了减少摩擦阻力。

简仪的地平装置称为立运仪。它包括一个固定的阴纬环和一个直立的可以绕铅垂线旋转的立运环，并有窥管和界衡各一。这个装置与近代的地平经纬仪基本相似，可以测量天体的地平方位和地平高度。

简仪的底座架中装有正方案，用来确定仪器的南北方向。明代制作的简仪中，正方案改为日晷。

简仪的创制，是我国天文仪器制造史上的革新式跨越，除北极星附近以外，整个天空一览无余。丹麦天文学家第谷于 1598 年发明了类似的装置，相比之下，欧洲人比我们晚了三百多年。

非常可惜，郭守敬创制的简仪，在清康熙五十四年（1715 年）被传教士纪理安当做废铜熔化了。现保存在南京紫金山天文台的简仪是明代正统年间制作的复制品。

◇水运仪象台

在李约瑟看来，中国人才是世界钟表史的真正开创者，因为世界上第一座天文钟出自于中国人之手，这个人便是北宋的苏颂。

苏颂，字子容，福建泉州南安人，宋代天文学家，也是一代名相。仁宗庆历二年（1042 年）和王安石同榜进士登第，为欧阳修所赏识。先任地方官，后改任馆阁校勘、集贤校理等职长达九年，得以博览皇家秘阁藏书，做到记诵默写。他在研究学问方面主张“探源综妙”，“验之实事”。宋哲宗即位后，先任刑部尚书，后任吏部尚书，晚年成为朝中宰相。

● 开钟表之先河的水运仪象台

1088 年，苏颂与韩公廉等人合作研制了一座大型天文仪器，它就是近现代引起全世界天文爱好者关注的水运仪象台。水运仪象台以水为原动力，集中浑象、浑仪、圭表、报时等功能，相当于一座小型的全自动化天文台。

水运仪象台高约 12 米、宽约 7 米，像三层楼房一样，是上窄下宽的正方形木结构仪器。苏颂在《新仪象法要》中写道：“兼采诸家之说，备存仪象之器，共置一台中。台有二隔，置浑仪于上，而浑象置于下，枢机轮轴隐于中，钟鼓时刻司辰运于轮上，……以水激轮，轮转而仪象皆动。”水运仪象台包括三部分：上层是观测星体方位的浑仪，中层是演示天体运动的浑象，第三层设有动力驱动装置及报时系统，其结构和功能空前复杂。三个层次之间以传动装置相互连接，统一用漏水推动和控制，不仅可以自动计时、报时及演示天象，而且可以驱动浑象自动跟踪某一天体，以便观测。报时系统也分五层，除能操纵木偶以摇铃、击鼓、扣钟作为报时信号，还能随季节变化显示昏、旦等时刻。

水运仪象台不仅在国内是一项前无古人的创举，而且由于它在三个方面的精巧设计堪称一绝，令许多中外科技史专家为之叹服。

第一，置于水运仪象台上层的是观测天象的浑仪，浑仪转动的动力源自底层的动力装置——枢轮，把时钟机械和观察用的浑仪结合起来。

第二，水运仪象台顶部设有九块活动的屋板，雨雪时可以防止对仪器的侵蚀，观测时可以自由拆开。水运仪象台的活动屋顶是现代天文台圆顶的鼻祖。

第三，水运仪象台的原动力装置叫枢轮，是一个直径1丈1尺，由72根木辐，挟持着36个水斗和36个钩状铁拨子组成的水轮。枢轮顶部设有一组叫“天衡”、“天关”、“天权”、“左右天锁”的杠杆装置，这套装置的工作原理与近代钟表中擒纵器的工作原理相同，但这一发明比欧洲人先行几个世纪，所以说水运仪象台的天衡系统是现代钟表的先驱。

1127年，金兵攻陷汴梁，水运仪象台遭到破坏，实物被损毁。后人曾设法恢复水运仪象台的旧貌，但都以失败而告终。1958年，王振铎等人根据文献资料，复原了水运仪象台的模型，但无法恢复最初之功效，只能做观赏之用。

● 最早的机械图纸《新仪象法要》

《新仪象法要》是苏颂为水运仪象台撰写的设计说明书，成书时间在完成水运仪像台木样后[①]。首篇主要记载水运仪象台的制造缘起、经过以及与之前的同类仪器相比突出的特点等。正文分卷上、卷中、卷下，以图为主，介绍水运仪象台总体和各部结构，并附有详细的文字说明。卷上介绍浑仪，卷中介绍浑象，卷下是水运仪象台总体设计、台内各原动和传动机械、报时机构等。

《新仪象法要》是一部在全世界有影响的古代机械著作，图文并茂，绘制了各种透视图和示意图，并标注有详细名称，是我国现存最早最完备的工程机械设计图纸，也是了解宋代以前天文仪器设计、制造的重要文献，是进一步了解张衡、一行、张思训等人研究成果的钥匙，真实反映了我国宋代的科技水平。

《新仪象法要》被李约瑟翻译成英文在国外发行，他称

① 《新仪象法要》的成书时间有争议，历史文献有不同的说法，但可以肯定是在水运仪象台的木样完工后。

赞苏颂是中国古代甚至是中世纪时期世界范围内最伟大的博物学家和科学家之一。

◇河南登封天文台

历法的精度，与冬至时刻的测量大有关系，这就需要不断地改进测量日影的仪器。从古籍记载中看，我国古代观测天象的台址名称很多，如灵台、瞻星台、司天台、观星台和观象台等。位于今河南登封郜成镇的观星台，是中国现存唯一的古代天文台，也是世界上现存最早的天文建筑之一。

登封郜成镇周公庙的门上刻有这样一副楹联："星台留古迹，会合阴阳交风雨；石表寓精心，氤氲南北变寒暑。"周公庙大殿的北面便是由郭守敬建造的观象台。这个观象台其实是个大圭表，用来记录时间和绘制天文星体。

什么是圭表呢？圭表是古代天文学中一种重要的测量仪器，用于测量日影，包括圭和表两部分。表是直立于地面的高物，一般为木柱、石柱等。圭是南北水平方向用来测量形成太阳阴影长度的标尺。在古代，圭表有三个方面的功用：

● 测定方向

古代发明指南针之前，充满智慧的先民仍然有办法知道方向，他们白天用圭表测日影的方法确定方位，与此同时，还在夜间观看北极星来确定方位，即《周礼·考工记》中所说的“昼参诸日中之景[1]，夜考之极星”。

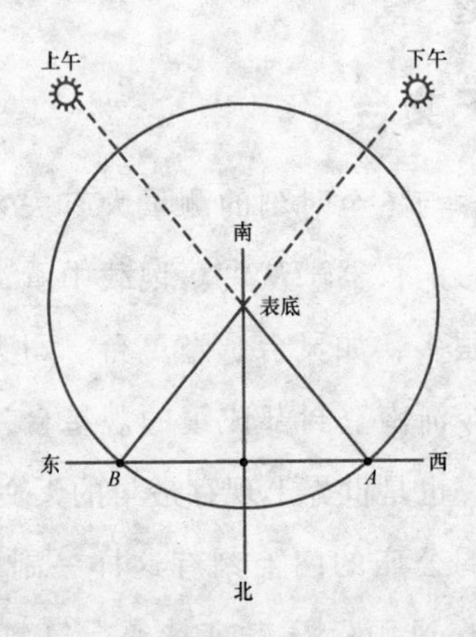

如何用圭表测日影呢？太阳从升起到落下，相对于观察地的子午线，所形成的路径基本上是对称的。这样，通过测量太阳升起、落下过程中形成表影的方向，可以确定南北方向或东西方向。而且，太阳照射圭表所形成的表影长度随时间有长短变化，当太阳在正南方时形成的表影最短。古人据此便可以确定方向。

● 测定节气

表影的长度不但在一天之中有变化，在一年之内，即使太阳同样处于正南方位置，但表影的长度却有所变化，表影

---

① 景同影。

最长的时刻定为冬至，表影最短的时刻则定为夏至。我国古代天文学家就是这样来确定节气的。

● 测定时刻

从一天中表影方位的变化，可以测定时刻。殷商时代，人们便把一天分为几个时刻，如黎明为“旦”，中午为“中日”，黄昏为“莫（暮）”，夜晚为“夕”。

先了解观象台的功能和工作原理，我们再来看看如何进行测量。观象台平面呈正方形，边长16.7米，台高9.46米，呈覆斗状，台北方的长堤是石圭，俗称“量天尺”，天文学家以此来测量太阳阴影的长度。而那高高耸立的城楼式建筑相当于一根直立于地面上的竿子，量天尺和观景台构成一个巨型的计时仪器——圭表。石圭居于子午线方向，圭面中线和两旁均有刻度，以测量影长。台上有两间小屋，一间放着漏壶，一间放着浑仪；两室之间置有一横梁，与圭面的垂直距离为4丈。自横梁中轴下悬4丈长的铅线，随时校正表尺的高度和圭面的零点。

根据台上横梁在石圭上投影的长短变化，确定春分、夏至、秋分、冬至来划分四季。每天正午，太阳光将台顶中间横梁的影子投在石圭上。冬至这天正午的投影最长，夏至这天正午的投影最短；从一个冬至或夏至到下一个冬至或夏至，就是一个回归年的长度。历法的精度与冬至时刻的精确测量大有关系，古人就是采用这种方法奠定了历法基础。圭表越高，由于日光的散射，顶端的横梁的投影就越模糊，难于读取准确的数据。

郭守敬发明了景符，用来解决日光散射的问题。《元史·天文志》记载，景符是用一个宽2寸、长4寸的薄铜片，上面穿一个小孔，放于支架上在圭面上来回移动，并转动铜片，利用小孔成像的原理，把太阳和表横梁经过景符小孔清晰地投影在圭面上。当米粒大小的太阳像正中间有一条清晰的细线时，根据细线即可准确地度量日影长度。

应用景符，郭守敬获得了更为精准的天象数据，他编修的《授时历》（1280年）成为中国古代历史上最为精确的历法。计算出的一年的时间，仅与现代标准误差26秒。欧洲罗马教皇1582年推出的格列高利历法才有这样的精确度，但比《授时历》晚3个世纪。

古代星图

我国古代的天文学测量成就，还体现在古人所绘制的星图方面。星图是天文工作者认识和测量星辰的重要工具，其作用犹如现在使用的地图。星图在天文活动中有着重要的作用，它可以帮助人们记录和识别各种星象，所以古代天文学家非常重视星图的绘制。

中国最迟在公元前4世纪中叶就利用观测仪器系统地观测恒星的位置，绘制各种星图。古人留下来的各种星图，成为后世许多天体测量工作的基础，对于了解古代天文学发展极为重要。

◇战国漆箱盖星图

1978年，湖北省随县发现一座战国早期墓葬，墓主人是当时一个小诸侯国的国君——曾侯乙，这个国家为曾国，君主名叫乙。考古工作者从曾侯乙墓中挖掘出大量文物，其中除轰动全世界的青铜编钟之外，还有五只样式相同、大小相近的黑漆箱。一只漆箱盖上的绘图吸引了考古学家，上面的图案竟然是一幅天文图！

这幅图的中间是一个夸张的篆书“斗”字，表示星空的枢纽——北斗。四周按顺序书写着二十八宿的名称，二十八宿名的东侧绘有一龙，西侧绘有一虎，这与传统天文学中的东方苍龙七宿、西方白虎七宿正好对应。二十八宿名称也与其他文献资料提到的基本吻合。

漆箱的三个侧面各绘有一幅星图。考古学家认为这些图中的星象与古文献中的记载完全一致。

关于二十八宿形成的具体时间，我国科学家竺可桢曾作过长时期的研究，但苦于找不到确凿的证据。这只漆箱的出土使得二十八宿的起源问题再次成为研究话题，引起专家和学者的关注。

对中国广大地区来说，北斗七星和北极星常年可见。在壮丽的天空中，它们既能指路，又能报时。所以，在中国传统的天文学体系中，北极星大名鼎鼎，有着最为重要的地位，称为“帝星”。在古人眼里，北极星在天空中的相对位置是固定不动的，群星无不以北极星为中心旋转。而附近的北斗七星又与北极星有着极为密切的关系。在远古的黄河流域一带，北斗七星始终不会没入地平线以下，一年四季都能被看到。古人还发现它相对于北极星的位移有明显的规律性，当北斗星在天空出现时，斗柄的指向与四个季节有明显的对应关系。古书《鹖冠子》中记载：“斗柄东指，天下皆春，斗柄南指，天下皆夏，斗柄西指，天下皆秋，斗柄北指，天下皆冬。”这是三四千年前北斗星显示的天象。当时的人们发现，节令与北斗星之间有关系。因而，古人特别重视对北斗星的认识，并赋予它各种象征意义。

随着认识的发展，古人又以北极星和北斗星为基础，把星空的视阈扩展到更广阔的恒星区，逐步出现了以北斗为中心的二十八宿体系，形成以二十八宿为基准来观测星象和制定历法的传统。

曾侯乙下葬的年代是公元前 433 年左右，可以证明最迟在公元前 5 世纪初，中国古人就创立了完整的二十八宿体系。

认识了曾侯乙漆箱盖星图之后，顺便提一个问题：北极星真的永远在北极吗？它值得享有“帝星”的尊称吗？或者换个问题，地球自转轴的北极永远指向这颗星吗？

答案是否定的。首先，地球自转像陀螺一样，自转轴是在做周期性的缓慢摆动，摆动一周的时间，大约是2.6万年。也就是说，2.6万年后，北极星的相对位置又回到最初的位置。这就是引起岁差的原因。因此，地球自转轴北极指向的天空位置自然也是有变动周期的，指向北极的“帝星”也存在轮流坐庄的现象。

古代人类早就认识到地球自转对历法的影响。公元前150年前后，古希腊天文学家、西方古代天文学创始人喜帕恰斯就是从比较他观测的星表和前人的星表中，发现了岁差。我国晋代天文学家虞喜独立发现了岁差并加以精确的测定。

老百姓曾流传有这样的认星歌：“认星先从北斗来，由北往西再展开。”北斗七星组成的图形永远不会变吗？它是找北极星的依据吗？实际上，北极星的位置是不固定的，北斗七星肯定也是处于变化之中的。天文学家们已经算出，10万年前看到的北斗七星和10万年后将要看到的，都和目前的情况完全不同。

◇吴越石刻星图

1958年冬，考古学家在浙江杭州施家山南坡发掘清理了五代吴越国文穆王钱元瓘的次妃吴汉月的墓。1965年夏，又在玉皇山下发掘出钱元瓘的坟墓。这两座墓的后室顶部，各有一幅石刻星图，星数虽不多，但位置刻画得比较准确。

据考证，钱元瓘死于941年，星图中星象的观测年代大致在唐代开元年间（713—741）。因此，这两幅星象图是我国现存最早的石刻星图。

◇苏州石刻天文图

在苏州文庙里有一个石碑，上面刻有一个盖图式星图，刻于南宋丁未年（1247年），绘制人是黄裳，刻碑人是王志远，人们称它为苏州石刻天文图。

石刻天文图所依据的材料是北宋元丰年间（1078—1085）的观测结果。图上共有1436颗星。星图以北极为中心，绘有3个同心圆，分别是恒显圈、天球赤道和恒隐圈，还绘有与赤道相交的黄道。整个天区的划分采用三垣二十八宿系统。图下附有文字，简明扼要地讲述了古代天文学的基本知识。

观赏全图，银河清晰，刻画细致，引人入胜，星图中所示恒星位置接近于理论坐标值，反映了当时天文学的发展水平，对于研究古代星宿、论证恒星提供了十分宝贵的史料依据。

苏州石刻天文图是世界现存的最古老的石刻星图之一，星数众多，画法精炼、逼真，国际上的学者们一致认为这个石刻天文图是东方最古老的星图，目前存放于苏州博物馆内。

◇敦煌星图

敦煌星图是中国现存最早的描绘在纸上的星图。它最初发现于敦煌藏经洞，现保存于英国伦敦博物馆内，科学史学家李约瑟最早发现了它的价值。

这幅图大概画于8世纪初，它是我国流传至今最早采用圆、横两种画法的星图。其他国家使用相似画法的星图，要比敦煌星图晚六百多年。

◇苏颂星图

苏颂所著《新仪象法要》中所附的星图，是我国目前发现的年代最早的全天星图之一。附图共两套，分五幅绘画。第一套是一幅圆图和两幅横图。圆图是紫微垣星图。横图一幅是“西南方中外官星图”，一幅是“东北方中外官星图”。第二套是两幅圆图。这两幅圆图以赤道为界，一张以北天极为中心，名为《浑象北极图》；另一张以南天极为中心，名为《浑象南极图》。由于我国地处北半球，距南极35°以内的星象看不见，所以图中留了一个空白圈。

苏颂星图是研究宋代天文学的成就和考定中国星座星名、星图画法的宝贵资料。很可惜，《新仪象法要》已非作者原著，由于传抄或印刷失误，影响了星图的准确性。

中国古代数学

我国古代，数学通常称为算术，即“算数之术”。后来，算术又称为算学、算法，宋元时期开始使用“数学”一词。此后，算学、数学并用。1939年6月中国数学名词审查委员会确定用“数学”而不用“算学”。从公元前后直到14世纪，我国古代数学的发展先后出现过三个高潮，分别是两汉时期、魏晋南北朝时期和宋元时期。宋元时期，我国数学发展到鼎盛时期。

我国古代，数学通常称为算术，即“算数之术”。后来，算术又称为算学、算法，宋元时期开始使用“数学”一词。此后，算学、数学并用。1939 年 6 月中国数学名词审查委员会确定用“数学”而不用“算学”。从公元前后直到 14 世纪，我国古代数学的发展先后出现过三个高潮，分别是两汉时期、魏晋南北朝时期和宋元时期。宋元时期，我国数学发展到鼎盛时期。

古代记数与计算工具

◇十进制记数法

人类在蒙昧时期就能够识别事物多寡，而从原始的“数觉”到抽象的“数”的形成，是一个相当缓慢、渐近的过程。

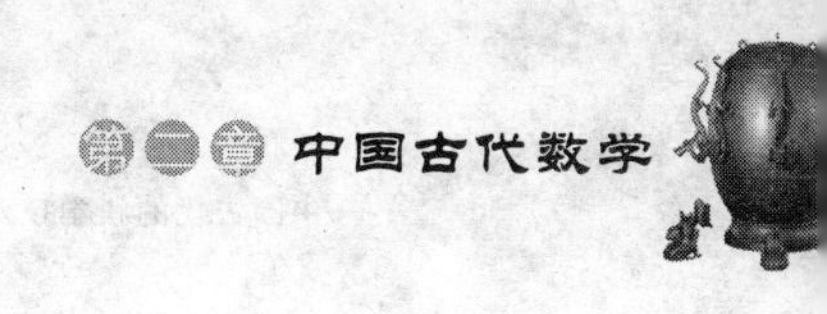

• 结绳记事

古代先民很早便认识到有必要以某种方式对事物的“量”进行表达，于是就有了记数行为。山东武梁祠画像石有关于伏羲和女娲的石刻内容，铭文中说：“伏羲仓精，初创王业，画卦结绳，以理海内。”意思是说，龙身的伏羲首创了帝王的统治，他画八卦，结绳记事，以管理四海之内所有的人。《周易》中也说：“上古结绳而治，后世圣人，易之以书契。”结绳而治是指在绳子上打结来记事或记数，后来出现的书契是指刻画符号。

不仅中国古人使用结绳法，世界其他地方都曾出现过这一记数方法，结绳的实物也被保存了下来。美国自然史博物馆就藏有古代南美印加部落用来记事的绳结，结绳记事在秘鲁高原一直盛行到 19 世纪。

从结绳记事到书契是很大的进步，表明人类祖先向数的产生迈近了一大步。数字的产生在人类历史上是一件相当了不起的事。

• 十进制记数法

公元前 1600 年左右，中国古代甲骨文中已经出现了十进制的记数法。从公元前 3 世纪的古代刀币上可以确定，最迟在春秋战国时期，中国古人便开始使用严格的十进制算筹记数。在此基础上，初等算术便逐步发展起来。

1　2　3　4　5　6　7　8　9　10　100　1000

（甲骨文中的数字）

我们对平时所使用的数字已经习以为常，感觉不到有什么特殊。殊不知，数数这件事，其实并不简单。罗马数字最初用七个基本符号记数：

1	5	10	50	100	500	1000
I	V	X	L	C	D	M

如果用罗马数字记数 42，应为 XXXXII，尽管四个 X 的位置不同，但同样都表示 10，前后两个 I 都表示 1。记数 42 就如此麻烦，如果数字更大，其记数形式则会更长。古埃及人用十进位制，但从 1 到 10 只有两个数字，每个最高的数字单位只能用象形文字表示，比如，他们用一个“鸟”表示 10 万。

我国古人大约在殷商时期就已经使用十进制记数法了。每相邻的两个计数单位之间的进率都为“十”的计数法则，就叫做“十进制计数法”。十进制是如何产生的，我们不得而知，或许是受人类有十个手指头、脚指头的启发。最简单、最方便的数数和计算方法是掰手指头，所以逐步形成了 10 个数的概念和十进位值的记数法。从殷墟出土的甲骨上，考古学家从古老的象形文字中分辨出从一到十、百、千、万13个数字，这是中国最古老的数字记录。殷代的甲骨文和西周的钟鼎文都显示十进制的记数方法，比如“547天”记为“五百加四十再加七天”。

十进制记数法是中国古代数学中一项非常重大的发明，它在数学发展中所起的作用以及体现出来的优越性，在世界数学史上都是值得称道的。马克思在《数学手稿》一书中称十进制记数法为“最妙的发明之一”。

目前，全世界通用十进制，可见十进制记数法是古代世界中最先进、最科学的记数法，对世界科学和文化的发展产生了不可估量的作用。李约瑟曾说：“如果没有这种十进位制，就不可能出现我们现在这个统一化的世界了。”古代巴比伦，就因为记数法非常麻烦，最终影响了他们民族数学的发展。

但从现代计算机的角度来看，十进制计数法似乎就麻烦了，因为计算机使用二进制。二进制只有两个数字“0”和“1”。如果要让计算机进行十进制的运算，那么首先要把十进制的数转换成二进制，这个过程要做多次除法，而计算机对于除法的计算是最慢的。以二进制计算出结果后，还要再转换成十进制数，这又是一个做乘法的过程。为了较快的转换十进制数和二进制数，设计计算机处理器时加入了专门的电路和语句，以便完成这个换算过程。

在自成一体的运算中，还有一个数字的设置显得至关重要，那就是“0”。“0”的设置在数学史上具有极其重要的意义。在运用算筹进行计算时，古人最初使用空位表示“0”，后来在空位上画“○”表示，最终出现“0”这个数字。

◇古代几何学

与西方的欧几里得几何学完全不同，我国古代几何学的起源与天文观测有直接的关系，最早的数学典籍《周髀算经》实质上是关于西周初年天文测量所用的数学方法（测日法）的著作，其中记载了商高回答周公的问题，提到用工具“矩”进行测量。古人丈量土地面积、制定历法，都需要用到数学知识。

《史记·夏本纪》中记载，大禹治水“左规矩，右准绳”，“规”、“矩”、“准绳”都说明古人早期对几何学已有应用。

相传西周初年①周公制礼，规定数学为贵族子弟教育中六门必修课程——六艺之一。不过当时由于“学在官府”，数学很难在民间普及，所以发展是相当缓慢的。

战国时期出现诸子百家，他们的著作中包含很多数学理

---

① 西周初年，约公元前11世纪。

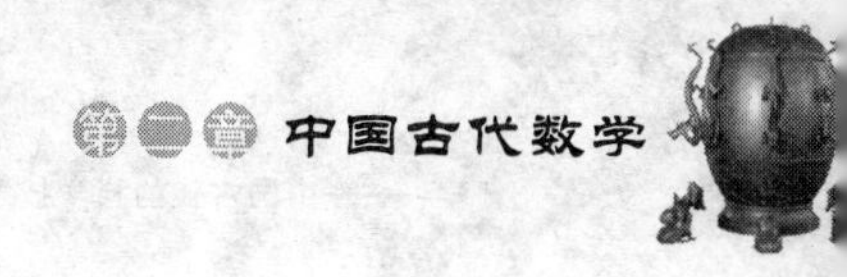

论的萌芽思想。《墨经》中对一些数学概念有专门的讨论和定义：

端，体之无厚而最前者也；

直，参也；

圜，一中同长也；

方，柱隅四讙也；

平，同高也；

厚，有所大也。

《庄子》中讲到的“矩不方，规不可以为圆”，“一尺之棰，日取其半，万世不竭”等，都可以从数学的角度去理解。

到两汉时期及之后的一段时期，独尊儒术，人们注重社会伦理、修身养性、经世治国之道，我国古代数学形成以实用和算法为主的模式，这一模式完全不同于古希腊的数学传统，但也取得了很大的成就。

人们通过对田地及其面积的测量，粟米的交换、收获及战利品的分配，城池的修建，水利工程的设计，赋税的合理负担，产量的计算，以及测高望远等生产活动，积累了大量的数学知识。据汉朝人郑众记载，当时的数学知识分成了方田、粟米、差分、少广、商功、均数、方程、赢不足、旁要，共九个部分，称之为“九数”。九数确立了后来《九章算术》

的基本框架和主要内容。数学家刘徽在 263 年著写《九章算术注》，序中指出："周公制礼而有九数，九数之流则《九章》是矣。"

最能体现我国古代几何学特色的是"出入相补"原理：一个几何图形被分割成若干部分后，面积和体积保持不变。一个非常直观，看似微不足道的原理，古人却将它恰到好处地用于解决各种各样的问题。

◇古代计算工具

有了十进制记数法，这还远远不够，古人在生产中进行复杂计算，需要用计算工具。古人发明了算筹和算盘进行复杂运算。正如计算机使用二进制一样，十进制记数法与使用算筹、算盘自成一体。在进行运算时，十进制相当于一种位值制，因为相邻位置的进率都为十，为计算带来很大便利。

• 算筹

中国人经常用成语"运筹帷幄"形容人善于谋划、策划。此处的"筹"就指中国古代的算筹。算筹也称"策"、"筹策"等，后来也叫"算子"。算筹是一根根长短和粗细相同的小棍子，最早是用竹子做的，也有用木头、兽骨、象牙、金属、玉石等材料制作的，其大小、形状随时代不同会有所差别。算筹发展到汉代，统一规定为长 3 寸或 6 寸，直径为

1分（约合现在的0.23厘米）的圆形竹棍，以271根为“一握”。后来也有新的变化，这些变化都是正常的、合理的。比如，长度在缩短，意味着计算越来越复杂；由圆形变为方形，算筹就不容易在桌面上来回滚动，避免造成计算错误。

算筹是在古代记数方法的基础上逐渐产生的。它最早出现在什么时候，已经无证可查，但至少在春秋战国时期，算筹的使用已经非常普遍。一根根不起眼的小棍儿，在中国数学史上立过大功劳，在算盘出现和推广使用之前，算筹始终是最重要的计算工具。

那么，古人如何用这些小棍儿表示每一个数，并进行复杂的数学运算呢？

用算筹表示数字，有两种摆法，分别为横式和纵式。

纵式：	𝍠	𝍡	𝍢	𝍣	𝍤	𝍥	𝍦	𝍧	𝍨
横式：	𝍩	𝍪	𝍫	𝍬	𝍭	𝍮	𝍯	𝍰	𝍱
	1	2	3	4	5	6	7	8	9

（算筹的两种摆法）

两种摆法是因为十进位制的需要。按中国古代的筹算规则，算筹记数的表示方法为：个位摆成纵式，十位摆成横式，百位再成纵式，千位再成横式，万位再摆纵式……依次从右到左，纵横相间，可以用算筹表示出任意大的自然数。由于位与位之间的纵、横摆法交错，所以既不会混淆，也不会错位。遇“0”时，则用空位来表示，到13世纪，“0”则用圆圈“○”表示。

其次，算筹可以表示正数，也可以表示负数。所以负数出现后，算筹便成为红、黑两种，红色代表正数，黑色代表负数。负数的算筹表示方法有多种，如果只用一色算筹，可以斜置算筹表示负数，也可用形状不同的算筹表示正、负数。隋代时用三角柱形算筹表示正数，正方柱形算筹则表示负数。纸张大量使用后，开始用书写的办法代替“置”①算筹，南宋数学家用负数的个位加一斜线来表示负数。

古人用算筹可以进行加、减、乘、除运算。加减法较简单，从左往右，逐位相加或减去即可。如果同一位上的数相加在10以上，则要在左边的数位上增一筹。进行减法运算时，如果被减的数目小于减的数目，则要在左边的位置上借用一筹，和珠算法一致。

如果是乘、除运算则需要口诀，方法是这样的：先用算筹摆一行表示一个数字，再摆另一行表示另一个数字，但要求下行的末位与上行的首位对齐。先用上行的首位数乘下行的各位数，从左往右用乘法口诀计算，得到的数用算筹摆在

① “置”表示放置、摆放算筹，南宋之前的数学家一直用“置”，比如“置一十九道”。书写算筹出现后，用负数的个位数画一斜线表示负数，如𝍢̸。用“○”表示“0”也在同时期出现。

上下两行中间，并且将后得的乘积数与前一积数相加，相加时，要求所得积的首位与前一积的第二位对齐。第一个数字的运算结束，便将首位数字去掉，再用剩下的首位乘下行各数，所得的积数再并入中间已得的数字。依次下去，直到上一行的各位算筹全部去掉。中间所得的数便是两数乘积。

用算筹进行除法运算，更为复杂。此处不再一一介绍，读者朋友可以学学古人，自己尝试。

我国唐代晚期，数学家找到不少简便算法，例如可以将一个数分解。21 可分解为先乘 3，再乘 7。12 可分解为先除以 3，再除以 4 等。

我们的祖先用算筹进行了许多的数学计算，包括解线性方程组、高次方程及方程组等复杂的数学问题，明代甚至用它制成暗码来记账。算筹为中国古代数学辉煌的历史立下了汗马功劳。

我们今天是用数学符号进行运算，既方便又简单。遗憾的是，中国人用了两千多年的算筹，却一直没有发展到符号的运算。15 世纪后，另一种计算工具逐渐取代了算筹，那就是算盘。

• 算盘

算盘是中国古代的重要发明。关于算盘的发明时间，没有找到确切的历史记载，众说纷纭，莫衷一是。北宋大画家张择端著名画作《清明上河图》中，画卷的最左端画有药铺，正面柜台上赫然放着一架算盘。所以，至少可以确定，早在北宋或者北宋以前，我国肯定已经普遍使用算盘了。

现存的算盘形状不一，材质各异，琳琅满目。一般的算盘多为木制（或塑料制品），算盘由一个矩形框内嵌有细杆，俗称“档”，一般为9档、11档或15档。每个档上串有等数目的算珠，算珠可沿细杆上下拨动，中间有一道横梁把矩形框分为上、下两部分。上面一珠当五，下面一珠当一。

用算盘进行计算，称为珠算。古人在用算盘计算的过程中总结出许多计算口诀，使计算速度更快。

由于算盘制作简单，价格便宜，运算简便、准确，口诀又便于记忆，所以在中国被普遍使用，并且陆续流传到了日本、朝鲜等国家。13世纪以后，欧洲的旅行家来到中国以后，把它带出了国门。

现在人类已经进入计算机时代，但偶尔还会见到人们在使用算盘，在一些普通百姓眼中，算盘仍然是方便、快捷的计算工具。所以，有人认为算盘也是中华民族对人类的一大贡献，把算盘的发明与中国古代四大发明相提并论。

两汉时期的数学

我国古代数学的一个典型特征是它的算法思维。所谓“算法”，不光指单纯的计算，它是以国计民生中的重大计算问题为基础，概括出来的一般性计算方法。

《周髀算经》和《九章算术》是现存最早的两部数学典籍。在没有纸张和印刷技术的条件下，古人把成果刻在竹简上，受篇幅的限制，一律没有推导证明过程。因而《周髀算经》与《九章算术》在表现形式上“富理于算”，把算理蕴涵于演算步骤之中，起到“不言而喻，不证自明”的作用，处理办法绝妙之极，是一举几得的好思路。

◇《周髀算经》

中国古代数学著作一般称作“算经”，《周髀算经》是现存最早的一部。为什么叫做“周髀”？宋代李籍对它作过解释：“周”是指“算日月周天行度”，也就是指天体运行的圆道；“髀”的本义为“股骨”，李籍指出“髀”是指“表”。“表”又是什么呢？它和我国古代测量日影长度的天文仪器——圭表有关，包括圭和表两个部分。直立于平地上用来测日影的标杆和石柱就是表。

《周髀算经》的作者不详，成书年代不会晚于公元前2

世纪的西汉时期，但书中涉及的数学成就可以追溯至公元前11世纪至公元前8世纪的西周时期。《周髀算经》中最突出的成就是勾股定理。勾股定理是中国古人从天文测量中总结出来的。

《周髀算经》中有两处涉及勾股定理。一处是西周开国时期周公与大夫商高讨论勾股测量的对话，商高提到“勾广三，股修四，径隅五”，并附有说明性文字：“既方之，外半其一矩，环而共盘，得成三、四、五。两矩共长二十有五，是谓积矩……”对于这段文字，三国时期的赵爽作了独特而详细的证明。“勾三，股四，弦五”是勾股定理的一个特例。另一处是周公后人荣方与陈子的对话：“……以日下为勾，日高为股，勾股各自乘，并而开方除之，得邪至日。”① 这是勾股定理的一般形式。商高、陈子这两个人物的生活年代大约相差四五百年。

《周髀算经》还提到日高的测量方法，人们也称为“陈子测日法”。陈子测日法后来又称为“重差术”，三国时期的数学家刘徽作了进一步的研究，写成数学著作《海岛算经》。

① 意思是说将勾、股各平方后相加，再开方，就是弦长。古汉语中“邪”也作“斜”。

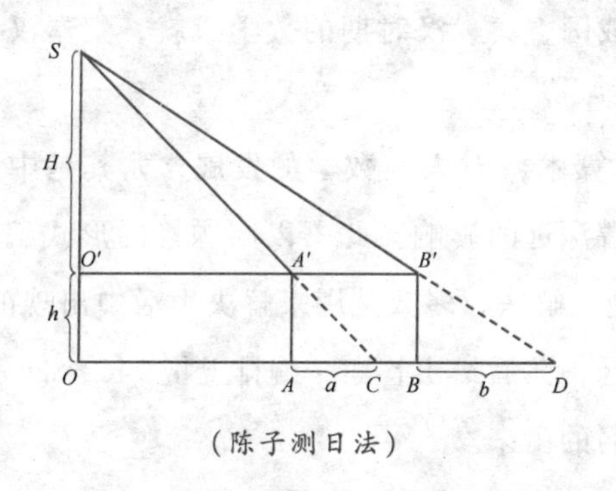

（陈子测日法）

如图所示：

如果在 A、B 两处立表（也称“髀”）AA′和 BB′，高为 h，两表距离为 ρ，两表日影差为 d（d = BD − AC），则日高计算公式为：

$$S_O = H + h = h + \frac{h \times \rho}{d}$$

国际数学界最初误认为勾股定理是公元前 6 世纪希腊著名数学家毕达哥拉斯提出的，所以被命名为“毕达哥拉斯定理”，但毕达哥拉斯关于勾股定理的证明已经失传。况且，毕达哥拉斯的生活年代要比商高晚五百年之久。国际学术界目前已提出将勾股定理改称为“商高定理”。

◇《九章算术》

《九章算术》是中国古代数学中最重要的著作，成书年代最迟应在公元前 1 世纪。据考证，这部书中的一些内容早在远古及殷周时期已经出现并得到使用，这部著作是经过漫长的岁月，由多人逐次删改、修补，最终得以成书的。它系统总结了战国、秦、汉时期的数学成就，集秦汉以来数学之大成。

《九章算术》对人类数学的发展，尤其是中国传统数学的发展有着深远的影响。此书以问题集的形式编写，收编了246个问题及解法，多数是用来解决生活中出现的实际问题。先举出问题，然后给出答案，编排上把246个问题分为九章，这便是书名的由来。

《九章算术》记载了世界上最先进的分数四则运算和比例算法，还有解决各种面积和体积的算法，以及利用勾股定理进行测量的各种问题。最重要的成就是在代数方面，如记载了开平方和开立方的方法、求解一般一元二次方程的数值解法，其中联立一次方程的解法比欧洲人早了1500年。

书中尤其记载了负数概念和正、负数的加减法运算法则："同名相除，异名相益，正元入负之，负元入正之。其异名相除，同名相益，正元入正之，负元入负之。"这是中国人在数学史上创造的又一个世界之最！此处的"同名"和"异名"是指同号、异号，"相益"和"相除"指两数绝对值相加、相减。

对负数的认识是人类在数系认识史上的重大进步。它不同于古希腊对无理数的认识，中国古代对负数的认识是在算法思维基础之上产生的。印度数学到7世纪才开始使用负数，而欧洲一些数学家到16世纪仍然在回避使用负数。

《九章算术》作为世界古典数学名著，与古希腊欧几里得的《几何原本》相互辉映，成为人类文明史上极其珍贵的科学遗产。

《九章算术》的出现标志着中国古代数学体系的形成，它是中国古代数学思想方法的总结，对中国古代数学的发展具有里程碑式的意义。后来的中国古代数学家，大多是从《九章算术》开始学习、研究数学，魏晋南北朝时，出现了证明《九章算术》中算法的不同尝试，引发了中国古代数学更加闪亮的光辉篇章。

魏晋南北朝时期的数学

长期的独尊儒术之后，中国古代数学的发展在魏晋南北朝时期又有所兴起。这一时期主要以注释《周髀算经》《九章算术》和设法证明其中的数学结论为主。以刘徽和祖冲之父子为代表的魏晋南北朝时期的数学思想有着独特的魅力，这一时期的数学所展现出来的论证方法达到了很高的水平。

◇赵爽证明勾股定理

《周髀算经》中以文字形式叙述勾股算法："既方之，外半其一矩，环而共盘，得成三、四、五。两矩共长二十有五，是谓积矩……”但没有详细的证明过程。最早对勾股定理进行证明的数学家是三国时期的赵爽，他的证明方法简洁优美，令人惊叹。赵爽证明勾股定理的方法是使用了下面的图，这个图最初出自《周髀算经》，称为“弦图”。

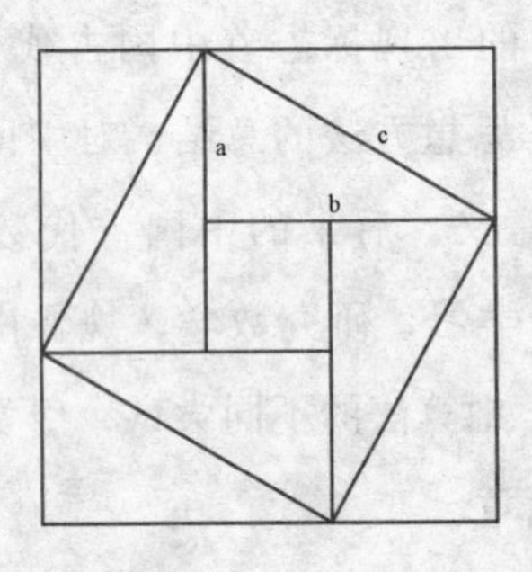

（弦图）

图中三角形 abc 是一个直角三角形，两个同样的三角形形成一个矩形，如果有四个同样的矩形，便排列成为一个弦图。图中的小正方形的面积既等于 $(b-a)^2$，也等于中间四方形的面积减去四个三角形的面积。即：

$$c^2-\frac{1}{2}(a\times b)\times 4=(b-a)^2$$

简化该式便得：$a^2+b^2=c^2$

勾股定理是数学史上的一朵奇葩，中国古人很早就独立发现并证明了它，关于它的证明方法累计有四百多种。赵爽的证明方法构思精妙、简单，称之为“出入相补法”。出入相补法是我国几何学中的一大特色。它将一个平面图形从一处移置另一处，面积不变，或者是把图形分割成若干块，各部分面积的总和与原来图形的面积相同。立体图形也是这样。《周髀算经》《九章算术》《九章算术注》《海岛算经》等都用到此法。

◇刘徽注《九章算术》

刘徽，三国后期魏国人。他的生平，只能从《隋书·律历志》中略知一二，书中称："魏陈留王景元四年[①]，刘徽注九章。"

受历史条件的限制，《九章算术》的解法比较原始，而且对用到的定理没有给出必要的证明。刘徽对《九章算术》中所使用的数学概念加以说明，对各种公式、定理一一作了补充说明，并对解题过程进行了详细分析，提出了很多独创性见解，对我国古代数学体系的形成和发展有很大影响，为数学的进一步发展开辟了道路，有人把他称作"中国数学史上的牛顿"。

《九章算术注》中的第十卷内容，后来又被单独刊行，称为《海岛算经》。《海岛算经》中精心选编了九个测量问题，对勾股定理作出了重要推进，发展了古代天文学中的"重差术"，为传统的二次测量方法重建理论基础，并将它发展为三次、四次测量，成为勾股测量学的典籍。此外，他对

---

① 魏陈留王景元四年，即1263年。

《九章算术》中的分数理论、比率理论、方程理论都起到重要的推进作用。

刘徽的数学理论是体系化的、完备的，其中最突出的贡献在于割圆术和体积理论。

● 割圆术与圆周率

圆周率是数学中的一个重要数据，计算圆周面积、圆周长、球表面积和球体积等，都要用到圆周率。因此，圆周率的准确性在理论和实践上都有重要意义。《九章算术》在计算圆面积的时候，取圆周率为3，即所谓“径一周三”，很不精确。

从西汉开始，数学家在实践中已经发现并非“径一周三”，而是“径一周三有余”，但一直没有从理论上加以证明。刘徽提出了用圆内接正多边形的周长来逼近圆周长的方法，基本思想是：“割之弥细，所失弥少。割之又割，以至于不可割，则与圆合体而无所失矣。”也就是说，在圆内作内接正多边形，然后用正多边形的面积接近代表圆面积来计算圆周率的近似数值（不足近似值）。圆内接正多边形的面积小于圆面积，但是随着圆内接正多边形的边数增多，多边形面积和圆面积的差也就越小，当无限增多边数，多边形的面积和圆面积就几乎相等了。刘徽通过割圆术还发现，如果在内接正N边形的每一条边上作一高为CD的矩形，可得出圆周率的上限和下限。

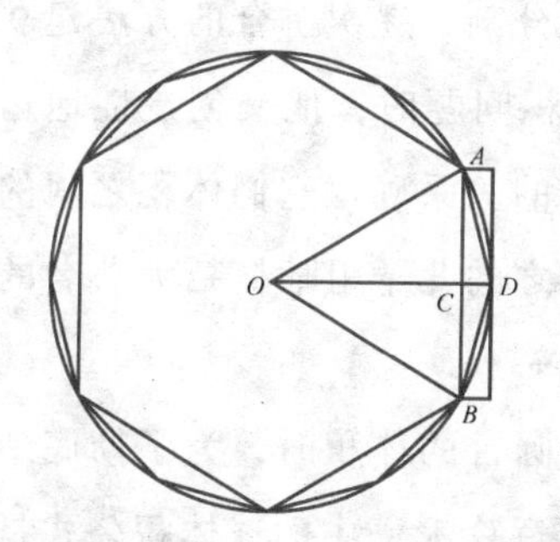

如图所示：AD和BD是内接正2N边形的边，如果内接正N边形的边长已知，就可以证明三者面积存在这样的大小关系：$S_{2n}<S_0<S_{2n}+(S_{2n}-S_n)$。

在割圆术思想指导下，刘徽从圆内接正六边形算起，依次加倍边数，相继算出了正12边形、正24边形，一直到正192边形的面积，得到圆周率的近似值是3.14，其分数的形式为$\frac{157}{50}$，这就是有名的“徽率”。刘徽强调“此率尚微少”，他继续计算直到求出正3072边形的面积，进一步得到圆周率的近似值是3.1416。

刘徽是中国数学史上第一位依据可靠的方法来推算圆周率的数学家，他得出的圆周率准确程度较高，在当时处于世界领先地位。

- **面积与体积的计算**

刘徽还集中精力研究了面积与体积公式的推证，取得了超越时代的结果。他的面积、体积理论就建立在简单而基本的出入相补原理之上。

刘徽用无穷分割的方法证明了直角方锥与直角四面体的

体积比为2∶1，解决了一般立体体积的关键问题。为了求得由底为直角三角形的直棱柱分割而成的一个四棱锥与一个三棱锥的体积之比，他采用了无限分割、逐次拼合的方法建立了“刘徽原理”。在研究各种体积问题时，他又创造性地运用两立体图形相应截面面积之间的关系确定它们体积之间的关系，这一思想两百年后被祖冲之的儿子祖暅概括为著名的“刘祖原理”。

在证明方锥、圆柱、圆锥、圆台的体积时，为了彻底地解决球体的体积，刘徽指出《九章算术》中的球体积公式是不正确的，并提出正确求解途径。方法如下：他创造了一个新的立体图形，称之为“牟合方盖”，一旦算出“牟合方盖”的体积，那么球体的体积便唾手可得。

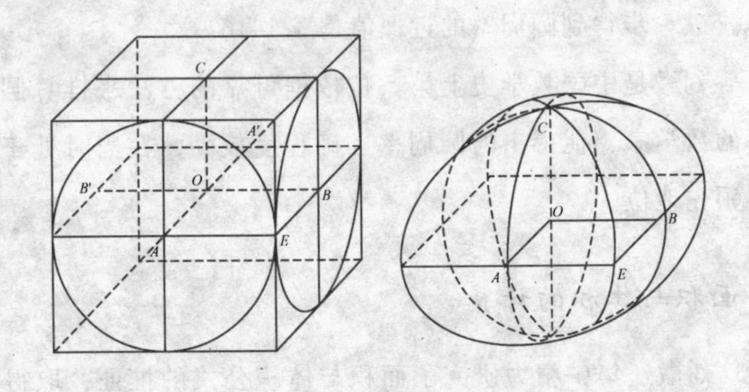

（牟合方盖）

如图所示：在一个立方体内作两个相互垂直的内切圆柱，两个圆柱体相交的部分，便是刘徽所说的“牟合方盖”。“牟合方盖”正好把立方体的内切球包含在内并与之相切。如果用同一个水平面去截它们，就得到圆（球的截面）和外切正方形。

刘徽指出，在每一高度上的水平截面圆与其外切正方形的面积之比都等于$\frac{\pi}{4}$。这里实际已经用到西方微积分史上所说的“卡瓦列利原理”①。刘徽工作中的唯一缺憾就是没有作出最后总结。

至于“牟合方盖”如何求，刘徽也未能解决，他说：“敢不阙疑，以俟能言者！”意思是很无奈，只好留待有识之士寻求解决的方法。由此可见，刘徽作为一名科学家具有的坦荡胸怀和实事求是的科学态度。

两百多年之后，贤能之士真的出现了！中国古代伟大的数学家祖冲之及他的儿子祖暅承袭了刘徽的思路，利用“牟合方盖”彻底解决了球体积的问题。

◇祖冲之父子的数学成就

祖冲之的生活年代是我国南北朝时期，他从小就有“弄清天地之谜”的志向。他的儿子和孙子也是我国历史上著名的数学家。

---

① 卡瓦列利生于1598年，他是意大利著名的数学家，以不可分量方法而著名于世。

● 祖冲之关于圆周率的突出贡献

祖冲之在前人工作的基础上对圆周率的计算作出了超越性的贡献。祖冲之接受了刘徽“割圆术”的思想，他计算所得的圆周率在3.1415926和3.1415927之间，前一个数字为不足近似值，后一个数字是过剩近似值。关于祖冲之在圆周率方面的工作，《隋书·律历志》中有记载：祖冲之确定了圆周率的两个分数形式的近似值。一个是$\frac{355}{113}$，比较精确，叫密率；另一个是$\frac{22}{7}$，叫约率。

祖冲之计算出来的圆周率，精确到小数点后第七位，是当时世界上最精确的圆周率。祖冲之的密率，在他去世后1100多年，德国人奥托和荷兰人安托尼兹才计算出来，数学上称为“安托尼兹率”，这一称法是不公正的。日本数学家三上义夫和其他国家的许多著名数学家主张把这个数称为“祖率”，以纪念祖冲之的杰出贡献。

祖冲之是如何算出如此精确的结果，没有任何历史资料流传下来，这是很遗憾的事。根据当时的情况判断，他使用的可能是刘徽的“割圆术”。如果真是这样，需要计算出圆内接正12288边形和正24576边形的面积，还要进行加、减、乘、除、开方等运算130次以上，每次运算都要精确到9位数字。可以想象，当时使用算筹，如此复杂的计算需要何等超人的毅力。

圆周率的计算标志一个国家和民族的数学水平。祖冲之此方面的贡献不仅赢得国人的尊敬，同时也受到世界各国数学家的推崇。1967 年，苏联科学家在研究了月球背面的照片之后，用世界上作出突出贡献的科学家来命名月球上的山谷，其中有座环形山被命名为“祖冲之环形山”。这足以说明祖冲之在国际上的影响力。

● 祖氏原理与球体积

刘徽在《九章算术注》中曾经留下一个悬而未决的问题，即关于球体体积的计算。祖氏父子根据刘徽提出的“牟合方盖”思路，找到突破口，完整求得球体积公式。

$$V_{球} = \frac{1}{4}\pi V_{牟合方盖} = \pi r^3$$

祖氏父子的方法如下：先取“牟合方盖”的八分之一，如图所示，然后考虑它与它的外切正方体所围成的立体Ⅰ，并将Ⅰ分成三个小立体，分别为图Ⅱ、Ⅲ、Ⅳ，同时再引入一个倒方锥Ⅴ，Ⅴ的底为外切正方体的上底面，其垂直边为正方体的一边。祖暅推证的关键是命题 S：

命题 S 倒方锥Ⅴ的体积，等于三个小立体Ⅱ、Ⅲ、Ⅳ的体积之和，因此也等于从外切正方体中挖去“牟合方盖”的部分，即立体Ⅰ的体积：Ⅴ = Ⅱ + Ⅲ + Ⅳ = Ⅰ。

那么，如何证明命题 S 成立？祖暅考察了各种立体图形

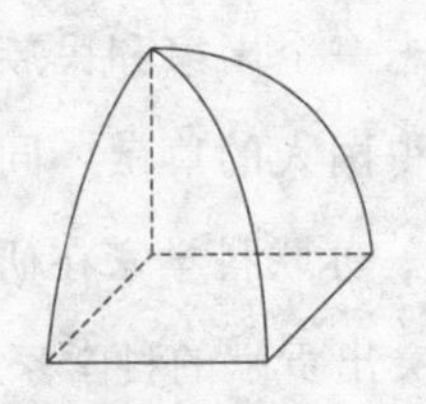

（八分之一牟合方盖）

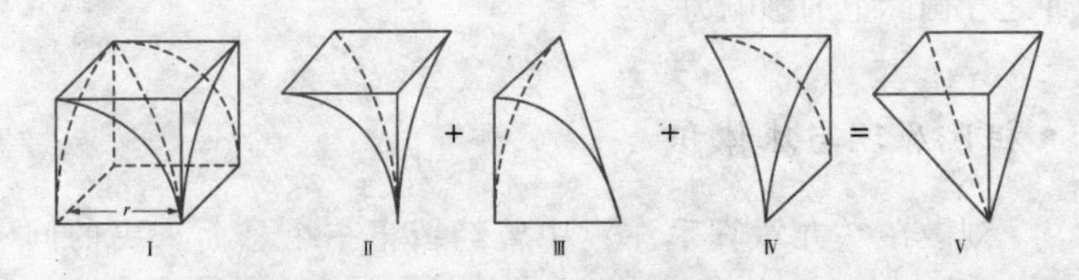

的截面积之间的关系，Ⅱ、Ⅲ、Ⅳ的截面积合并在一起等于正方体截面积与“牟合方盖”的截面积之差。然后得知在任一相同的高处，立体Ⅰ的截面积与Ⅴ的截面积相等。祖暅提出“幂势既同，则积不容异”，“幂”指截面积，“势”指高。意思是说：两等高立体图形，如果在所有等高处的水平面积相等，则两个图形的体积也相等。这便是著名的祖氏原理。有了祖氏原理，命题S就不言而喻。

祖氏原理在西方被称为“卡瓦列利原理”，意大利数学家卡瓦列利在1635年提出，它对微积分的建立很重要。卡瓦列利比祖氏父子晚1100多年提出这个原理。

祖冲之也对《九章算术》作过注释，著有《缀术》，此书在10世纪以后失传。

◇数学建制化与“算经十书”

唐代是盛世，但数学的发展与成就却不及魏晋南北朝时期和宋元时期，这一时期比较突出的工作是数学教育的制度化以及对典籍的梳理。

唐代，科举制度逐渐得到完善，并且采取分科取士的原则。尽管对于数学的重视不及其他科，但至少数学作为考试内容之一，在当时称为“明算术”。直到唐朝灭亡，科举考试中始终有数学。

唐显庆元年（656 年），由李淳风等人审定了著名的“算经十书”，分别是《周髀算经》《九章算术》《海岛算经》《五曹算经》《孙子算经》《夏侯阳算经》《张邱建算经》《五经算术》《缉古算经》和《缀术》。

到宋代，刊印的“算经十书”中没有《缀术》，增加了由南北朝时的北周人甄鸾所写的《数术记遗》。甄鸾也是《五曹算经》和《五经算术》的作者。

● “孙子问题”

我国古代民间长期流传一些数学游戏，有“隔墙术”、“猜岁数”、“秦王暗点兵”等。这些饶有趣味的游戏都与古代数学中的“孙子问题”有关。

“孙子问题”也称“物不知数”问题，最早出现在《孙子算经》中。这里的“孙子”与春秋战国时期的军事家孙武和孙膑没有丝毫的关系，作者也未必姓孙。

《孙子算经》的成书年代在4世纪，全书共三卷，下卷中有一个举世闻名的数学问题，便是“物不知数”问题：“今有物不知其数，三三数之剩二，五五数之剩三，七七数之剩二，问物几何?”书中与此类似的问题不止一个。《孙子算经》中给出的答案是23，并提供解题方法。

术曰：三三数之剩二，置一百四十；五五数之剩三，置六十三；七七数之剩二，置三十；并之，淂二百三十三，以二百一十减之即淂。

列成算式：

$$N=70\times2+21\times3+15\times2-2\times105$$

对于这一解法，如果不懂得一次同余式算法，会觉得莫名其妙。《孙子算经》中只是给出一个答案，并没有明确给出求解方法。

“物不知数”问题的提出和我国古代历法推算有关。古代历法中一个重要的推算方法，称为“上积元年”。假设在N年以前冬至夜半，日月五星同在一个方位，将此作为一个起点，已知五星的运动周期分别为n_1，n_2，n_3，n_4，n_5，在N年之后的某一时刻（M月P日Q时）进行观测，发现日月五星离共同起点的距离为r_1，r_2，r_3，r_4，r_5。如果日月五星的运动周期n以及它们离起点的距离r已知，便可以推算出总年数N。天文学推算出来的共同起点的那一年为“上元”，N称为“上元积年”。从汉末开始，中国古代天文学家都会推算“上元积年”，“上元积年”和“孙子问题”其实是求解相同的问题。

真正解决“物不知数”问题的是宋代著名数学家秦九韶，他的算法称为“大衍求一术”，也称“中国剩余定理”。

●“百鸡问题”

《张邱建算经》成书时间大约在466至485年间，共三卷，下卷有著名的“百鸡问题”：

今有鸡翁一，直钱五；鸡母一，直钱三；鸡雏三，直钱一，凡百钱买鸡百只。问鸡翁、母、雏各几何？

这种问题相当于解不定方程组：

$$x + y + z = 100$$

$$5x + 3y + \frac{1}{3}z = 100$$

张邱建只说如果少买7只母鸡，就可多买4只公鸡和3只小鸡。但只要得出一组答案，就可以推出其余两组答案。所以相当于给出三组解：

$$x_1 = 4,\quad y_1 = 18,\quad z_1 = 78$$

$$x_2 = 8,\quad y_2 = 11,\quad z_2 = 81$$

$$x_3 = 12,\quad y_3 = 4,\quad z_3 = 84$$

古代“百鸡问题”开创了数学中的“一问多答”先例，是数学中著名的“不定方程问题”。13世纪意大利数学家斐波那契《算经》[①] 和15世纪阿拉伯人卡西的《算术之钥》中都提到此问题。

● 一元三次方程

《缉古算经》的作者是唐朝初年的数学家王孝通。这是一本实用性非常强的数学著作，书中提到用“开带从立方法”解决工程问题。它是世界上最早讨论三次方程组代数求解法的著作。书中给出28个类似 $x^3 + px^2 + qx = c$ 的正系数方程及其根，但没有提到具体解题方法。这一解法到宋元黄金时期得到了进一步的发展。

宋元时期的数学

宋元时期，古代数学迎来新的高潮，发展到了鼎盛时期，表现出来的特点是算法的创造。那时，出现了秦九韶、李冶、杨辉、朱世杰等多位数学巨匠，他们在继承前人研究成果的

① 斐波那契的《算经》最初由拉丁文写成，也称《计算之书》或《算法之书》。

基础上，作出了更大的贡献，留下不朽的数学著作。

◇“贾宪三角”

贾宪是北宋人，曾著有《黄帝九章算术细草》一书，书中有一个很重要的内容是关于求解二项式展开系数的“贾宪三角”，但原书已遗失。幸运的是，“贾宪三角”被杨辉抄录在《详解九章算法》一书中，这个知识才流传下来。

根据杨辉的摘录，贾宪的高次开方法是以一幅“开方作法本源图”为基础，《永乐大典》中也记载了这张图，并附有注解。

本积
左积 1 右隅
商除 1 1 方法
平方积 1 2 1 平方隅
立方积 1 3 3 1 立方隅
三乘积 1 4 6 4 1 三乘隅
四乘积 1 5 10 10 5 1 四乘隅
五乘积 1 6 15 20 15 6 1 五乘隅

（“贾宪三角”）

这张图实际上是一张二项式展开式各项系数表，即 $(x+a)^n$（n=0，1，2，3，…n）展开后的各项系数。三角最外层左、右斜线上的数字1分别称为“积数”和“隅算”，将这两行斜线数字中所藏的数字称为“廉”。开几次方，就用相应行的廉。第三行是开平方的廉，第四行是开三次方的廉，第五行是开四次方的廉等。“积”、“隅”、“廉”都是中国古代开方术语。

“贾宪三角”中的各廉是用“增乘法”求得，这种方法可推广用来直接开方，称“增乘开方法”。增乘开方法最终由数学家秦九韶完成，与欧洲19世纪出现的霍纳法原理基本相同。

17世纪法国数学家帕斯卡在论文中详细讨论了这种图形的性质，所以在西方称之为“帕斯卡三角”，但他的研究比贾宪晚近六百年。

贾宪之后，又有数学家继续探索求解系数中有负整数的方程，南宋秦九韶发明的“正负开方术”彻底解决了这一问题。

◇秦九韶与《数书九章》

秦九韶，字道古，四川安岳人，是中国数学黄金时期的主要代表人物之一，他于1247年完成了划时代的数学巨著《数书九章》。全书共18卷，一共81道题，分为九大类（大衍、天时、田域、测望、赋役、钱谷、营建、军旅、市易）。秦九韶在《数书九章》中将增乘开方法推广用于解高次方程，系统地总结和发展了高次方程数值解法和一次同余组解法，提出了相当完备的“正负开方术”和“大衍求一术”，达到了同时期世界数学的最高水平。

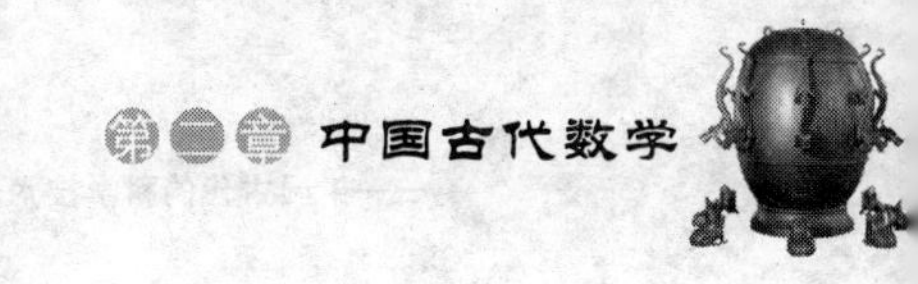

- “正负开方术”

起初，人们并没有意识到贾宪的增乘开方法可以用来求解高次方程，只用它来解决单纯的开方问题。而且，在贾宪时期，数学家求解的方程系数仅限于正数。

《数书九章》中，秦九韶将增乘开方法推广到高次方程的一般形式，称之为“正负开方术”。这是求高次代数方程的完整算法，方程系数可正可负，但方程中的常数项则规定为负数，即“实常为负”。“正负开方术”由于规定了“实常为负”，使整个运算统一为加法，实现了机械的随乘随加。

秦九韶还强调，他的方法可用来求解一般的高次方程。《数书九章》中总共涉及21个高次方程，最高是10次方程。秦九韶的“正负开方术”代表了中国古代关于高次方程求解的实际水平，证明中国人对高次方程问题的研究与求解处于国际领先地位。

- “大衍求一术”

秦九韶的另一重大贡献是“大衍求一术”。大衍求一术是关于求解“孙子问题”的方法，也称一次同余组解法。在著作《数书九章》中，秦九韶从理论到计算，非常系统地介绍了他的方法，并称之为“求一术”。至于为何冠以“大衍”二字，秦九韶在序中解释，是为了和《周易》中的“大衍之数”相附会。

从《孙子算经》中的“物不知数”到秦九韶的“大衍求一术”，我国古代数学家对一次同余式的研究，不仅在中国数学史上而且在世界数学史上都处于领先的地位。和秦九韶同时代的意大利数学家裴波那契在《算经》中给出了两个一次同余问题，但研究内容和方法只达到《孙子算经》中的求解水平。18到19世纪，欧洲数学家欧拉（1743年）和高斯（1801年）各自独立地总结出与“大衍求一术”相同的定理。1876年，德国人马蒂生指出，秦九韶的方法与高斯的一致，因而“大衍求一术”求解一次同余组的方法被称为“中国剩余定理”。

在以算筹为计算工具的时代，秦九韶能正确、严谨地得出如此复杂的算法，是相当了不起的事情。科学史杂志《爱西斯》的创办者萨顿如此评价秦九韶：“他是那个民族他那个时代并且确实也是所有时代中最伟大的数学家之一。”

◇沈括与《梦溪笔谈》

沈括，北宋钱塘人，是我国历史上一位博学多才、成就卓著的科学家，改革家。沈括的著作颇多，可惜大多数都失传了。他晚年的巨著《梦溪笔谈》记录他一生的所见所闻和研究心得，涉及故事、辩证、乐律、象数、人事、官政、权智、艺文、书画、技艺、器用、神奇等内容，大部分条目与科学技术有关，详细记载了劳动人民在科学技术方面的卓越贡献和他自己的研究成果，反映了我国古代特别是北宋时期自然科学达到的辉煌成就。《梦溪笔谈》不仅是我国古代的学术宝库，而且也是我国科学史上十分重要的著作。

在《梦溪笔谈》十八卷中，沈括根据平时遇到的一些计算问题，从实际应用需要出发，创立了“会圆术”和“隙积术”。

- 会圆术

会圆术就是确定圆弧长度的方法。沈括提及：“有另外一种分割圆周的办法。取圆的直径的二分之一，用这个半径作为直角三角形的斜边（称为弦，图中r），半径减去被割部分（被割部分称为矢，图中s）作为三角形的第一边（称为股）。斜边的平方减去第一边的平方，再将所得的余数开平方，就得出第二边（勾）。第二边的两倍就是弓形区域（弧田）的弦（图中c）。取被割部分（矢）的平方，再乘以二，所得结果除以直径，再加上弦，便得出弧长（图中a）。”

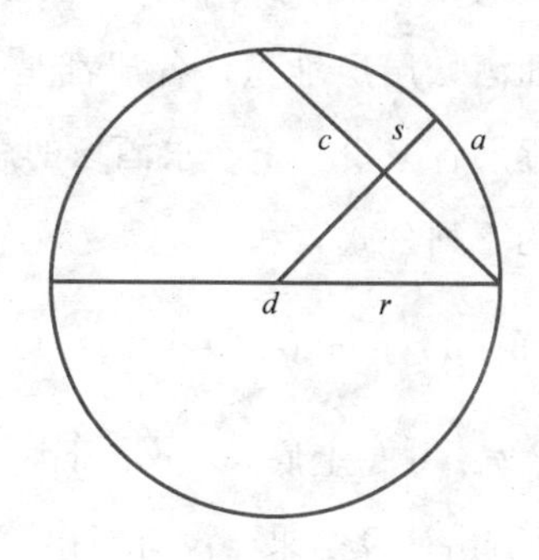

沈括得出的结果为：

$$a = c + 2\frac{s^2}{d}$$

沈括认为，《九章算术》中给出的弓形面积公式$\frac{1}{2}(sc+s^2)$过于粗糙，不精确。他从计算田亩出发，考察了圆弓形中弧、弦和矢之间的关系，提出了我国数学史上第一个由弦和矢的长度，求弧长的比较简单实用的近似公式。这一方法的创立，不仅促进了平面几何学的发展，而且在天文计算中也起到了重要的作用。会圆术为我国球面三角学的发展奠定了基础，元代天文学家郭守敬后来进一步发展球面三角学，提出更为精确的计算公式，但那是两个世纪之后的事了。

● 隙积术

《梦溪笔谈》十八卷中提到“隙积术”，即长方台形垛积的求和问题。这一方法由沈括首创。

隙积术的计算方法和现代数学中“积弹”的算法相似。如下图：把物品如酒坛层层堆积，各层都是一个长方形，自下而上，长和宽逐层各减少一个，求酒坛的总数 s。

计算结果可用下列公式表示：

$$s = \frac{n}{6}[a(2b+d) + c(2d+b) + (c-a)]$$

式中 a 是上底宽，b 是上底长，c 是下底长，d 是下底宽，n 为层数。沈括只写出计算结果，没有指出公式来源。后来南

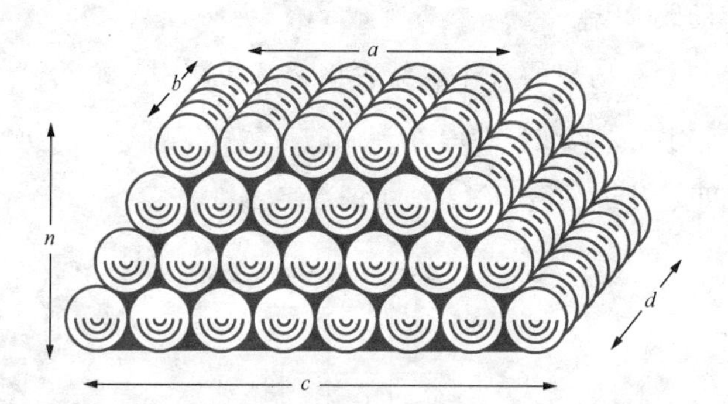

宋的杨辉在《详解九章算法》中对这个问题的深入研究，元代朱世杰所创的“垛积术”，都是在此基础上发展而来。

日本著名的数学史学家三上义夫称沈括为“中国数学家的模范人物或理想人物”。[①] 李约瑟对沈括的评价也极高，在《中国科学技术史》一书中指出：“沈括可算是中国整部科学史中最卓越的人物”。

◇杨辉与幻方

杨辉，字谦光，生平不详，南宋末年的数学家。杨辉对数学的一个重要贡献就是他在著作中详实地记录了贾宪的“开方作法本源图”，这是中国最早发明“贾宪三角”的有力证据。他也是全世界上第一个排出丰富的幻方并讨论其构成

① 〔日〕三上义夫著，林科棠译：《中国算学之特色》，上海：商务印书馆，1933 年第 1 版，第 61 页。

规律的数学家。

幻方在杨辉的著作《续古摘奇算法》中称之为“纵横图”。幻方要求把1到n^2个连续的自然数安置在n行n列的表格里，使纵、横、斜各线上的数字之和相等。

4	9	2
3	5	7
8	1	6

（三阶幻方）

杨辉孜孜不倦地探索研究幻方的性质，他利用等差级数的求和公式，巧妙地构造出了三阶、四阶幻方，对四阶以上的幻方，他只给出了图形而未留下做法，但他所画的五阶、六阶乃至十阶的幻方全都准确无误，可见他当时已经掌握了幻方的构成规律①。他称十阶幻方为“百子图”，其各行各列之和为505。

幻方具有一种奇妙的性质，包含着很深刻的道理。长期以来，人们只把它当做纯粹的数学游戏，没有给予足够的重视。随着近代组合数学的发展，纵横图显示出越来越强大的生命力，在图论、组合分析、对策论、计算机科学等领域中，

① 后来的人们得出任意阶幻方各行、各列、对角线上数字的和数为：$S=\frac{n}{2}(n^2+1)$。

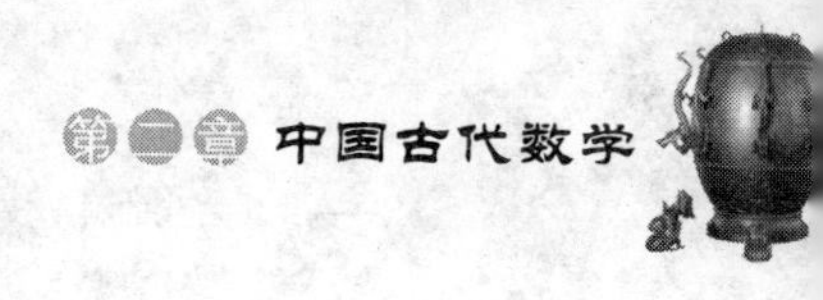

都找到了用武之地。

◇李冶与天元术

宋元时期的数学，最重要的一个特征是求解高次方程。求解方程的前提是列方程。随着数学问题的复杂化，迫切需要一种简单便捷的列方程方法。天元术就是应这样的要求而产生的，它是用数学符号列方程的方法，“立天元一为某某”就是现代数学中的“设未知数 x 为某某”，“天元一”就是未知数。

天元术在数学发展史上占有重要一页。中国古代数学史上，列方程的思想很早就有，可追溯至《九章算术》，但一直没有“未知数”的概念。李冶致力于创造简便的适于各种问题的列方程的方法。他的两本著作《测圆海镜》和《益古演段》是关于天元术的代表作，书中系统地阐述了这一方法。

我们都知道，古人是用算筹进行计算的，那么，如何用算筹列方程呢？假设方程式①：$25x^2+280x-6905=0$，式中既有负数，又有 0，可以完整地展示算筹的使用方法。

用算筹列方程式（天元式），要先确定未知数一次项系数的位置，在旁边写“元”字表示一次项系数，其余各项可按照未知数次幂的递增或递减来排列（如下页左图）。也有

---

① 此例引自李文林：《数学史概论》，北京：高等教育出版社，2002 年第 2 版，第 101 页。

另外一种方法，李冶是用“太”字表示常数项，其余各项也是按照未知数次幂的递增或递减来排列（如本页右图）。方程中若有负系数，就在表示负数的算筹末位上加一斜线。列出方程后，求解即可。

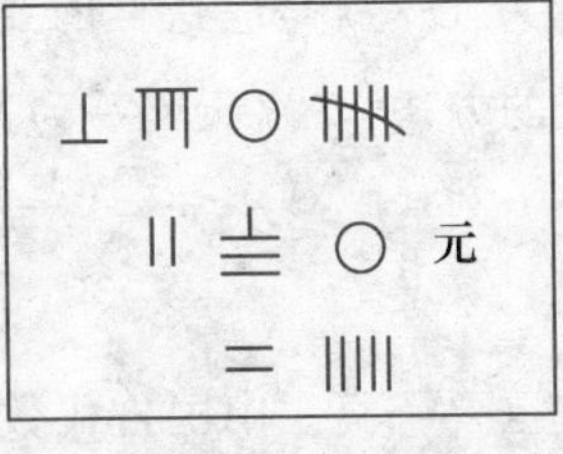

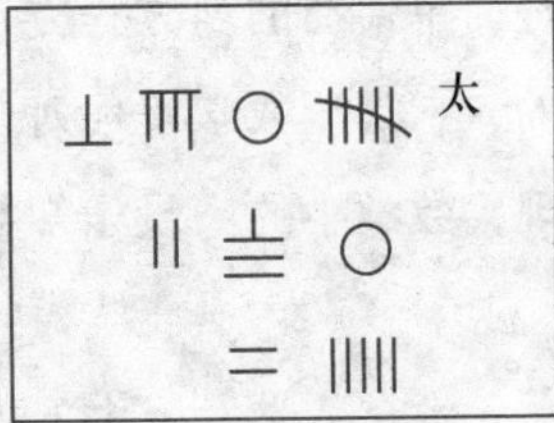

李冶的天元术有几大特点：(1)改变了秦九韶“实常为负”的要求，这是代数学的进步。(2)能利用天元术熟练地列高次方程。(3)能完整地表示数学符号和性质符号，比如负数和小数。

唯一的缺憾就是没有出现数学运算符号，这严重制约了中国数学的进一步发展。

◇朱世杰与四元术

朱世杰，字汉卿，元朝人，长期从事数学研究和教育事业。他全面继承了秦九韶、李冶和杨辉三人的数学成就和各种实用算法，并创造性地加以发展，写出《算学启蒙》和《四元玉鉴》等著作，把我国古代数学推向更高的境界，形成宋元时期数学发展的最高峰。

朱世杰被看做是中国数学黄金时代数学发展的总结性人物，是宋元数学的代表，把以算筹为主要计算工具的我国古代数学推向顶峰。

如果将天元术的原理进一步加以推广，用于联列方程，便可以产生二元术、三元术和四元术。朱世杰的《四元玉鉴》就是关于四元术的一本著作。当时的“四元”，就是用天、地、人、物表示四个不同的未知数，用今天的数学方法，就是指未知数 x，y，z，w。用算筹列方程的方法是：方程正中为常数项“太”，天、地、人、物四个未知数各项的系数分别居于“太”的下、左、右、上四个位置，相邻两个未知数的积及它们的乘幂的积的系数记入两个未知数相交的位置，不相邻的两个位置数的乘积记在相应的夹隙位置，如下图：

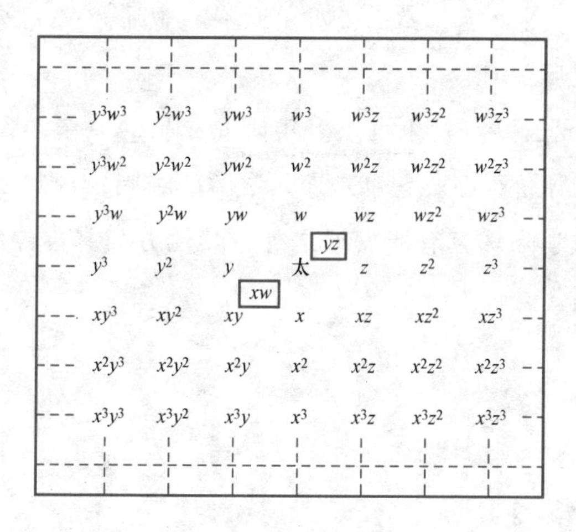

（各项系数相应的位置）

《四元玉鉴》中讲到一个例题，所列方程如下图：

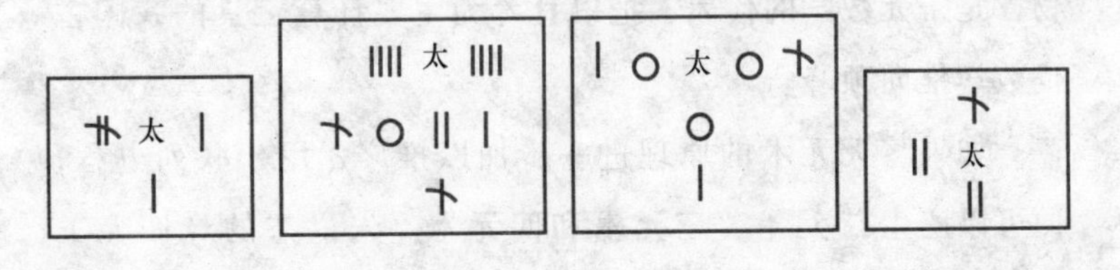

如果用现代数学方法表示，相当于如下方程组：

$$\begin{cases} x-2y+z=0 \\ -x^2+2x-xy^2+xz+4y+4z=0 \\ x^2+y^2-z^2=02x+2y-w=0 \end{cases}$$

列出方程后，用消元法求解，先将四元四式消解一元，变为三元三式，再依次为二元二式、一元一式，最后用增乘开方法便可求解未知数。《四元玉鉴》中还介绍了多种消元方法和技巧。

《四元玉鉴》是朱世杰多年研究成果的力作，后人对这部著作的评价很高。它也是宋元数学的绝唱，自此之后，中国传统数学除珠算有所发展之外，其他方面基本停滞不前，甚至倒退。

中国古代农业

中国是世界上从事农业生产最早的国家之一，远在几千年以前，勤劳的中国人民开田造地，栽培了各种作物，采取了耕作、用土、养土、造肥、施肥以及轮作等一系列技术和措施。

中国是世界上从事农业生产最早的国家之一，远在几千年以前，勤劳的中国人民开田造地，栽培了各种作物，采取了耕作、用土、养土、造肥、施肥以及轮作等一系列技术和措施。

古代种植传统

在我国人口众多、耕地面积不足的情况下，精耕细作的优良传统成为养活更多人口的重要途径，也是我国农业现代化发展的方向。

古代农业的精耕细作，包括以下三个方面：(1)以轮作复种和间作套种为主要内容的种植制度；(2)以深耕细作和因地、因时、因物耕作，北方旱地保墒防旱、抗旱和南方水田和稻麦两熟田、整地排水为主要内容的整套耕作技术；(3)以中耕除草为主要内容的田间管理技术。

◇开田造地

开田造地是一项艰巨的事业，古代人民和山争地，和水也争地。他们在丘陵山地辟梯田，在洼地设围田、柜田，在水面置架田，使耕地面积不断增大，粮食产量不断增多。开田造地凝聚了我国古代劳动人民的辛勤汗水和聪明才智。

●围田

围田，即筑堤围田，也称圩田。中国长江中下游地区，临近江河湖泊、地势低洼的地方，容易被水淹没，本不适于种植农作物，人们便想出来筑堤挡水的办法，形成围田。

早在春秋末年，越国和吴国人民就在长江中下游的太湖地区开始了围田造地。围田活动的大规模发展是在唐宋以后，随中国经济发展中心的南移，南方人口剧增，需要设法来扩大耕地面积，以满足需要。围田是当时主要的增产方式。

唐宋时的围田已经很发达，宋代文学家范仲淹曾写到当时围田的规模：每一圩田方圆达数十里，圩田中有河渠，外面还有门闸。干旱时开闸引江水灌溉，洪涝时可闭闸挡水防涝，给农民带来很大便利。

围田的大力发展，使得水稻种植面积大大增加，唐宋时期人口得到了很大发展。宋代有俗语“苏湖熟，天下足”，是当时南方围田发展的真实写照。到明清时，围田发展到长江中游，鄱阳湖和洞庭湖一带也出现大片围田，这些地区也成为国内的粮食供应基地。

但围田也有其负面的效应，由于它的盲目发展，水面变成田地，导致潴水面积减少，蓄洪能力下降，使得一些本来旱涝无忧的农田，也容易变成受害对象，灾害发生频率增加。

于是有人认为水旱之患的根源在于围田，围田使得有水则无地可潴，有旱则无水可戽。所以，历史上一直有“围湖造田”和“退田还湖”的争论。

对于围田的弊端，人们采取了各种办法，将灾害降到最低，办法之一就是修筑柜田。柜田和围田一样，修筑的目的都是为了保护农田免受洪灾，但比围田小，四周还设有排水口，当遇到水荒时，小规模更便于采取措施。

● 架田

盲目地发展围田对大自然产生负面影响，人们便发明了新的办法，直接利用水面种植，不仅可以扩大耕地面积，还不用担心干旱。

在晋代，广东、福建一带的人们用芦苇等编成筏，浮在水面上，筏上有小孔，将蔬菜种子种于小孔中，便有茎叶从芦苇的小孔中长出来。这种奇特的菜田，以水生植物为主，好似一片浮萍在水面上荡漾，成为南方湖泊中一道美丽的风景。这可能就是现代无土栽培的雏形。人们把这种人造耕地称为“浮田”，目前人们仍在用这种方法种植水蕹。

另有一种是葑田。池沼里生长有一种多年生草本植物，称之为菰，它的嫩颈部分即为可食用的茭白，根部为葑。湖泊中泥沙淤积于菰的根部，时间久了浮泛于水面形成自然土地。将浮泛在水面形成的自然土地，进一步开辟加工，割去上面的菰叶，进行耕治，形成葑田。唐诗中有“路细葑田移”的描写，可见最晚到唐代便有葑田的耕作。

古人从自然形成的葑田中得到启发，将做好的木架浮在水面，上面填满带泥的菰根，再让水草生长，纠结于木框架上，形成人造耕地。这种耕地相当方便，人们可以用绳子将其拴在岸边，防止随波逐流丢失。为了防止风吹雨打，毁坏上面的庄稼，还可以将其牵走，停靠在避风的地方，天气好转后再拉出来浮在宽阔的水面上。到元代时，人们改称葑田为架田。

架田利用水面种植，既扩大了耕地面积，又不破坏自然。唐宋时期，江浙、淮东、两广一带分布范围相当广。

事物都有两面性。曾经一度，西湖中架田越来越多，造成湖面越来越小，进而影响到人们的生活用水，形成隐患。鉴于此，大文豪苏东坡任杭州通判时，曾上书请求开挖西湖，奏准后他便招募民工，将葑田挖出堆积成长堤，后人称为“苏公堤”，也就是我们今天的西湖苏堤。

● 梯田

我国劳动人民从什么时候开始种植梯田，很难考证，说法也不一。文献记载中最早提到梯田，是南宋诗人范成大的《骖鸾录》："岭阪上皆禾田，层层而上至顶，名梯田"。梯田是在坡地上分段沿等高线建造的阶梯式农田，它是治理坡地、防止水土流失的有效措施，具有蓄水、保土、增产的作用。

我国不同地区，梯田的修整形式和种植效果都有所不同，差别很大。西北丘陵地区，主要是为了拦截水土。当地农民到现在还有"水不下塬、土不下坡、泥不出沟"的说法。而在南方丘陵地区，则是结合丰富的水源条件，达到对水土高度利用的目的。

● 桑基鱼塘

所谓桑基鱼塘，就是将低洼地挖深成水塘，挖出的泥放在水塘的四周，为地基，上面种桑，而塘中则可养鱼。桑叶可以用来喂蚕，蚕屎用来饲鱼，而鱼塘中的塘泥又可以作桑树的肥料。通过这样的良性循环，取得"十倍禾稼"的多利经济效益。

桑基鱼塘的特点是不但可以充分利用水面养鱼增加收入，同时消除内涝，有利于水稻灌溉，充分利用当地地势低、雨水多、水域资源丰富的条件，并充分建立合理的生态农业。

这一形式在太湖地区和珠江三角洲地区很普遍，并加以变通，后来出现果基鱼塘、蔗基鱼塘。

桑基鱼塘是我国劳动人民充分利用土地的又一个发明，也是合理利用大自然、建立生态农业经济的典型表现。国际地理学会秘书长曼斯·哈尔德如此评价我国的桑基鱼塘："这是一个很独特的水陆资源相互利用的人工生态系统，在世界上是很少有的，这种耕作制度可以容纳大量的劳动力，有效地保护生态环境，世界各国同类型的低洼地区也可以这样做。"①

◇分行栽培和作物管理

以现代农业的眼光来看，分行栽培与精心管理是增产增收的必要条件。我国人民最迟在公元前6世纪前，就懂得采用分行栽培农作物和精细锄地、锄草的方法。

●分行栽培

原始农业时期，人们采用散播和点播的方法将种子种在地里，这样不但浪费种子，而且长出的禾苗像满天的星斗，疏密不均匀。《吕氏春秋》中曾指出分行栽培的诸多好处：如果农作物分行成长，会很快成熟，植株的生长不会影响到

① 金秋鹏：《图说中国古代科技》，郑州：大象出版社，1999年第1版，第55页。

彼此。横行、纵行都要排列得有序，这样刮风时风从行间顺利通过，因而不会出现倒伏。分行栽培不但有排涝、保墒的作用，而且还便于中耕锄草。

《诗经》中有“禾役穟穟”的诗句，当时将“行”称作“役”，“穟穟”是禾穗成熟下垂的样子。意思是说，分行栽培庄稼长势好。

欧洲人直到18世纪才开始使用这些耕作方法。1731年，欧洲农民仍处于对马拉锄地耕作法和分行栽培及中耕锄草将信将疑的状态之中。

尽管都是分行栽培，但也有各种细分方法，中国农业史上曾出现过几种独特的分行耕作方法，分别为畎亩法、代田法、区田法、亲田法等。这些方法在我国现代化农业生产中仍有强大的生命力。

(1) 畎亩法

早在春秋战国时期就已经通行，也叫垄作法。《吕氏春秋》记载：“上田弃亩，下田弃田川。”意思是说：在高处田地里，将农作物种在沟里，而不种在垄上，有利于抗旱保墒；低洼的田地，不要把作物种垄沟。此外，还可以采用“今年种田川，明年种亩”的办法，“互换种之，以休地方”，不同的位置轮番耕作。

(2) 代田法

西汉时期的农官赵过曾推行过代田法，目的是为了抗风和抗旱。这种耕作方法的特点是把庄稼种在垄沟里，出苗后，通过中耕除草，将垄台上的土铲下来，培在庄稼的根部。第二年，再将垄沟变成垄台，垄台则变为垄沟，同样具有垄沟互换、轮番利用的特点。

(3) 区田法

汉代时倡导的一种抗旱耕作方法，其特点是将土地分成若干条状或方形块状，称为“畦”，在畦内深耕细作、合理密植、施肥灌水、中耕管理等，争取高产丰产。

(4) 亲田法

明代时倡导的一种轮耕方法。主要是把一个生产单位土地划分为若干区，每年有计划地选定一区实行深耕细作，加工培肥。几年内，每个区都轮流精耕细作，计划培肥一遍。

中耕管理作为增产的另外一个关键因素，是精耕细作传统的重要组成部分，它最大的特点是集约经营，加强管理，最大强度地提高单位面积产量。

● 轮作复种和间作套种

我国人民早在春秋战国时期就废弃了轮荒耕作的方法，开始了土地连种的道路，并在连种的基础上创造了轮作复制。《荀子》中提到“今是土之生五谷也，人善治之，则亩数盆，一岁而再获之”，意思是说，只要实行精耕细作，不但能提高产量，而且能提高复种次数，可以一年多熟。《吕氏春秋》

中也提到“五耕五耨，必审以尽，其深殖之度，阴土必得，大草不生。又无螟蜮，今兹美麦”的经验，是指在精耕细作、消灭杂草和病虫害的条件下，就可以实行谷麦轮作复种。

一种作物连续种植称为“连作”，这种种植方法容易出现杂草繁衍、病虫危害、产量降低等弊病。只有实行合理轮作，才能消灭杂草，减轻病虫害，提高产量。秦汉时期，轮作制度已经形成，主要是禾、麦、豆之间的轮作。根据文献记载，黄河流域一带早在东汉时期就已经有谷子、冬小麦和大豆之间的轮作复种的两年三熟制，而在汉水流域的河南南阳一带，有稻、麦轮作复种的一年两熟制。

到魏晋南北朝时，轮作制相当成熟，广泛利用禾谷类和豆类作物进行轮作，目的是在轮作中加入绿肥作物。豆类作物根系发达，利用其穿插作用和腐烂后增加有机质的作用，可以疏松土壤，培肥地力，效果显著。与豆类作物的换茬和间作，实质上是利用豆科根瘤菌的共生固氮作用来改善土壤肥力。

《齐民要术》集中谈到丰富的轮作经验，认为多数作物不宜连作，并详细记载了多达20种的轮作复种方式，为我国合理轮作奠定了理论和技术的基础。贾思勰指出：多数作物需要合理轮作，如“谷田必须岁易”，“麻，欲得良田，不用故墟”，“稻无所缘，唯岁易为良”。因为谷子连作会出现“莠多而收薄”，麻连作会有“点叶夭折之患”，水稻连作会出现“草稗俱生，芟亦不死”的情况。他还指出轮作作物之间的最佳搭配组合，甚至具体到哪种作物做前茬，哪种作物做后茬。

南方的轮作方式到隋唐和南宋时期已经普遍，出现水稻的一年三熟制。轮作复种的传统，在现代化农业中仍然使用，发挥了很大的作用，并得到进一步继承和发扬。

间作套种是我国古代劳动人民在种植方式上的又一独特的传统。它的萌芽始于汉代，《汜胜之书》[1] 中最早总结了瓜、薤和小豆之间的套种方法。书中还介绍了黍和桑的混作："每亩以黍、椹子各三升合种之。黍、桑当俱生，锄之，桑令稀疏调适。黍熟获之。"

唐宋以后，混作套种技术不断发展，《农桑辑要》中提出了注意高秆和矮秆作物之间搭配的方法，这样可以保证阳光充沛、空气流通，形成良好的生态环境。

● 土壤肥力的认识

我国古代农业的突出成就中，也包括对土壤肥力的保证技术，即用肥和养土相结合的原则。养土主要是通过适时适宜的耕作，调整土壤中各种微生物之间的关系，这对土壤的结构、性质、组成以及调节养分的供应，均起着重要的作用；

① 《汜胜之书》是西汉晚期的农学著作，被认为是我国最早的农书。

同时通过施肥，不仅为农作物提供所需要的养分，而且也为土壤中的微生物提供营养物质，有益于微生物的活动，改善土壤结构，提高土壤肥力。

西周和春秋战国时期，我国劳动人民对施肥已经有了一定的认识，《诗经·周颂·良耜》中载“荼蓼朽止，黍稷茂止”。那个时候人们已经认识到腐烂在田里的荼蓼与黍稷的生长有关系，已经懂得荼蓼腐烂的过程及其利用。

西汉时期，人们懂得用腐熟的人粪和动物的粪便来肥田，《氾胜之书》中科学地提出了不误农时，因地制宜，注意积肥、施肥、灌水、锄地、保墒和早收等一套综合技术和措施。

● 温室栽培

在寒冷的季节吃到新鲜的蔬菜在今天已经不是什么新鲜的事，如果是在古代恐怕就很难做到了。两千多年以前，我们的祖先已经开始利用温室栽培蔬菜了。古人用什么办法给温室加温呢？文献中记载，秦始皇时期就有“种瓜于骊山坑谷中温处”的做法。在骊山一带，人们利用自然坑谷避风保热的条件栽培蔬菜。唐代诗人王建的《宫前早春》中有“内园分得温汤水，二月中旬已进瓜”的诗句，至少说明当时人们已经能利用温泉培育瓜蔬。

古代农业工具

脱离了刀耕火种的我国先民，开始有意识地提高土壤肥力，逐步建立起科学合理的耕作体制。《孟子》中提到让百姓能够经常深耕、锄地的政治制度才是好的政治制度，成语“深耕易耨”便来自于此。唐代陆龟蒙撰写的《耒耜经》，是我国古代历史上仅有的一本农具专著。

◇深耕蓄墒的犁

犁是中国古代农业生产中最具代表性的工具。它是农业的象征，从事农业活动的人，被称为“扶犁之手”。

在农业生产中，耕田翻土是一项重要的工作。犁是最重要的翻土工具，主要用它来破土和翻土，减少农作物根系下扎的阻力，扩大作物的水肥空间；将土壤下层的硬土翻起来，熟化其结构，风化深层养分，提高土壤的耕作性能、保水性能和肥力，为播种做准备；另外，深耕还可在雨季时强化吸收降水，以备农作物在旱季时消耗。

● 耒耜

耒耜为先秦时期的主要农耕工具，《易经·系辞》中说，神农“斫木为耜，揉木为耒，耒耜之利，以教天下”，《礼·

含文嘉》中说，神农“始作耒耜，教民耕种”。

耒耜这一工具的使用，不仅深翻了土地，改善了地力，而且开始将种植发展为分行栽培。所以说，耒耜是农业文明的肇端，它对于农业文明的意义，丝毫不亚于蒸汽机对于工业文明的意义。

耒耜在生产中得到不断改进，尖头部分出现各种各样的形状，并出现了石质、骨质和陶质等可以更换的形式。1970年浙江余姚河姆渡出土的骨耜，说明耒耜的材质在当时发生了明显的扩大。

• 江东犁

耒耜与犁最大的不同在于耒耜破土是靠人力间歇性地进行推和拨的动作而完成的，与现代使用的锹、铲有很大的相似性。犁则是靠动力牵引进行的连续作业。

我国出土的三角石犁铧可追溯到公元前4000年甚至公元前5000年早期。因此，牛拉的阿得犁①早在新石器时代就已被使用了。犁的破土能力主要在于犁铧。原始社会晚期出现了石犁铧，到商代出现了青铜犁铧。春秋战国之后，铁铧犁开始普及，随之而来的是由铧的改进转向犁整体结构的改进。

结构良好的犁，可以将土块翻得恰到好处，顺利而又省

① 我国古人使用的最基本的犁，称为阿得犁。

力，土不会黏在犁铧上。《耒耜经》中详细记述了当时江东地区普遍采用的一种水田耕作所用的农具——曲辕犁。曲辕犁出现于江南地区，也称“江东犁”。

江东犁是为适应南方水田耕作的需要而制作的，和现代的耕犁结构大致相同。欧洲到中世纪晚期才有结构极其粗糙的犁壁，用他们的犁耕地，很浪费畜力。难怪西方科学史学家罗伯特·坦普尔说：“公元18世纪以前欧洲原始的毫无希望的农业，无法同公元前4世纪以后中国出色的先进的农业相比。”①

◇分行播种的耧

耧车是一种靠畜力的播种工具。耧车的发明与分行栽培是分不开的。

据史料记载，早在战国时期就有了播种器具。汉武帝时，赵过被任命为主管农业的官员——搜粟都尉，他推广代田法，以开沟作垄的方式，将种子播种在垄沟里。为了适应这种播种方式的需要，新的播种工具发明了，这就是三角耧。

汉代三脚耧的复原模型目前陈列在中国历史博物馆中。这种耧需要一人在前面牵拉耧车的牛，同时还得一人在后面扶着耧车播种。种出来的庄稼横纵成行。播种时，由牛牵引，

① ［美］罗伯特·坦普尔：《中国：发明与发现的国度》，南昌：二十一世纪出版社，1995年第1版，第33页。

耧前进时摇摆振动，使种子落入由耧腿所开的垄沟内。速度也相当快，可用它播种各种作物。

耧车的使用与分行栽培分不开。耧车有几大优点：(1)它将开沟下种两项耕作过程合二为一，操作简单方便；(2)播种深浅均匀，而且节省种子；(3)提高效率，减轻劳动负担。不足之处是种子落入垄沟后，与土壤接触不够严实，不利于充分吸收土壤水分和营养物质，还需要另外的辅助工作。

历史上出现过一脚耧和二脚耧。后来的耧车还发展为耧锄，既可用来锄草，又可以用来施肥。这样，开沟、播种、施肥、覆土等工序就可一次性完成。

◇去草务泽的锄

中耕管理的关键在于精深锄地。锄地使用的工具叫锄，锄在古代又称“耨”。

“锄禾日当，汗滴禾下土”这一诗句，妇孺皆知。诗人陶渊明曾作诗：“种豆南山下，草盛豆苗稀。晨兴理荒秽，带月荷锄归。”为了不使豆田荒芜，诗人一大早就下地劳作，晚上才披着月光扛着锄头回来。但是，劳动人民为什么要冒着炎炎烈日锄禾不止？一般的理解是为了“去草”，但去草只是原因之一，“务泽”才是锄地的主要目的。务泽就是使土地保持水分。

农书《齐民要术》中特别强调，“锄不厌数，勿以无草而中缀”，要求农民锄地不论次数，没有草也要锄。多锄地自然有好处，我国民间有“锄三省一”的说法，是说锄三次可少浇一水。宋代北方有这样一句农谚：“锄头自有三寸泽，斧头更有一倍桑。”种子用耧播种以后，农作物分行生长，此时，需要中耕管理，锄草壅苗，既可以除去影响农作物生长的杂草，防止杂草与作物争肥，又可以减少土壤中水分的蒸发，使两三寸厚的土层保持湿润状态。这些技术在雨水少的华北地区尤为重要，通过锄地，切断地下水分上行的通道，铲除地表的裂缝，使地表土壤细化，抑制水分蒸发，起到保墒的作用。

中国古人很早就使用锄，到公元前 1 世纪，已经出现了改进的锄，这种锄称为“天鹅颈锄”，它一般备有多种锄片，以便更换。使用时方便除去杂草，也不会伤及禾苗。

古代农民非常重视中耕管理，丝毫马虎不得。元代农学家王桢在农书中介绍，北方的农村，农民常常结为锄社，一般由 10 户左右结为一社，这是快速完成锄草任务的一种办法。先集体锄完一家的田地，再一起锄第二家的地，依次轮流。期间农田的主人会为锄地者提供饮食。如果所结成的集体中有人患病或有事，大家会合力相助，保证田地无野草，岁岁获丰收。

◇去粗得精的风扇车

风扇车是一种能产生风或气流的机械，它靠人力驱动，用于清选粮食。

农民收割谷物后，经脱粒，需要将糠秕、碎稻秆和籽粒分开，最简易的方法就是将谷粒抛入空中，依靠风力将糠秕吹走，从而将糠秕与重的籽粒分开。公元前 2 世纪，中国人已经发明了旋转式风扇车。中国古墓中发现的陶制风扇模型，还带有小型工件。宋代诗人梅尧臣写有一首刻画风扇车的诗：

田扇非团扇，每来场圃见。
因风吃糠秕，编竹破筠箭。
任从高下手，不为喧寒变。
去粗而得精，持之莫肯倦。

使用时将谷料加入料斗中，不停地摇动曲柄带动风扇，产生的气流将糠秕通过位于风扇尾部的漏孔吹到地上，而谷粒则落到风扇中部外侧下面的容器里。中国的扬谷方法比西方领先大约两千年。这一技术于 1700 年至 1720 年间由荷兰人带到欧洲，在技术上不断改进。

李约瑟认为，中国旋转式风扇车的一个惊人特点是进气口总是位于风腔中央，因而它是所有离心式压缩机的祖先。

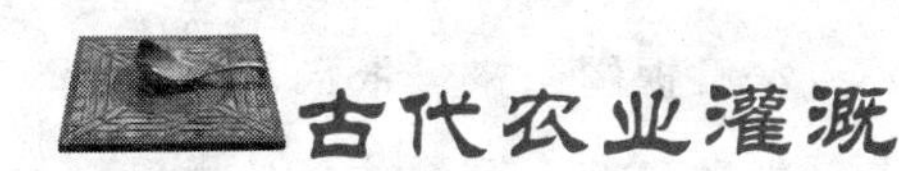

古代农业灌溉

◇水利

水利是农业的命脉。由于自然条件的限制，干旱在我国农业发展所面临的各种灾害中居首位，尤其是北方地区。水利对农业生产关系重大，自古以来，我国各族人民就有重视农田水利的优良传统。

春秋战国时期，《周礼·夏宫·职方氏》把全国分为九州，每州的泽薮、川、浸都详细列出。“泽薮”是指沼泽湖泊；“川”是指贯穿流通的水，有通航之利；“浸”是指有灌溉之利的地方。这反映了春秋战国时期，在中原地区就已经创建了一些大型灌溉工程，需要分设不同的官职来管理。

两汉时期，水利技术在北方得到大规模发展。到唐代，扩展到江南，进而遍及全国。北方以蓄、灌为主，南方则灌溉、排涝相结合，丘陵地区以塘坝工程为主，低洼地区则发展圩田水利工程。这样一些农田水利建设，促进了我国古代农业的发展，繁荣了古代经济。

●大禹治水

相传在原始社会末期，黄河流域连续出现特大洪水，尧所领导的部落推举禹的父亲鲧负责治理。鲧用“障洪水”的方法，即用堤埂把居住区和农田护围起来，抵御洪水的侵蚀。但是，鲧多年的治水以失败告终。舜继位后，继续派大禹接替父亲鲧的工作。禹改变了治水方针，采取疏导的方法，经过十多年的忘我工作，终于制伏了可怕的洪灾。洪水制伏后，人们从丘陵高地迁到肥沃的平原上居住、生产。

可以看出，禹治水之所以能成功，主要是由于改变了治水方法，运用疏导的办法，“顺水之性”，疏通河道，使洪水从高地排向低处，引至东流入海。大禹不但以水性治水，而且他还在平原地区的低洼的沼泽地带，修筑障水工事，将水拦蓄，也起到了分洪的作用。

大禹治水是古代人民同水灾作斗争的象征，千百年来受到人们的颂扬，并成为一段佳话。

● 都江堰

浩浩荡荡的岷江，从成都平原西北部顶端流经都江堰市内。每当岷江洪水泛滥时，水流从上游高山峡谷顺势而下，横扫开阔的平原地区，所挟带大量的砂卵石随即沉积下来，淤塞河道，泛滥成灾。都江堰建成以前，每逢雨季来临，巴蜀大地经常遭受洪水的冲击，平原地区顿成汪洋泽国，百姓饱受水患之苦。

秦昭王（前306—前251）时期，李冰为蜀郡守，主持兴修了有名的都江堰工程。工程分为鱼嘴、宝瓶口和飞沙堰三个部分。

鱼嘴是在岷江中修筑的分水堰，堰的尖端形状如鱼嘴而得名，它把岷江分为内外二江，西边外江是主流，而东边的内江则可作灌渠用水。

宝瓶口是控制内江流量的咽喉，是一个宽20米的进水口，由人工开凿而成。它的左面为玉垒山，右面为离堆，岩石坚硬。当时的人们用了一个巧妙而省力的办法来开凿岩石，先用火烧岩石，然后再用冷水或醋浇，岩石由于热胀冷缩便炸裂。

飞沙堰修在鱼嘴和宝瓶口之间，其功能在于溢洪和排砂卵石。洪水时期，内江过量的洪水会从堰顶溢出流入外江，同时把所挟带的大量砂卵石也排到外江，可以避免在灌田渠道中淤积。

都江堰位于扇形成都冲积平原的最高处，因而在地势上控制着大部分的自流灌溉面积，溉田万顷，赋予成都平原“水旱从人，不知饥馑”的“天府之国”的美称。

都江堰不仅工程设计合理，而且，在长期的使用过程中形成了一套科学合理的管理维护技术和制度，每年定期淘滩、维修，总结出“深淘滩，低作堰”的六字经。在技术上运用“作笼法、杩槎法”，就地取材，维修费用低廉、便宜。两千多年以后的今天，都江堰仍然发挥着重要的作用，其修筑技术堪称奇迹。

● 郑国渠

《史记》中记载，战国末年，秦国日益强大，东方六国受到威胁。韩国想要采用“疲秦”的计策拖垮秦国，便派去名叫郑国的水工到秦，假借向秦王建议从泾水的仲山开渠，东通洛水引水灌田，以此来消耗秦国的人力和财力，使其无力东伐。

公元前246年，秦国开始兴建郑国渠。后来“疲秦”之计被秦发现，但郑国向秦王说明修建它的好处，认为是“为韩数岁之命，而为秦建万世之功”。秦王觉得言之有理，便命人继续施工，我国古代最长的大型灌溉渠道——郑国渠，最终得以完成。

郑国渠位于关中地区，渠道首段起于仲山（今陕西省泾阳县西北），止于云阳城北瓠口（亦称焦濩泽）。其干渠由首段东起，经过今泾阳、三原、高陵、富平县等，注入洛水。沿途采用横截、假道等措施，将天然的河流充分利用。比如，横截了冶谷水、清谷水、漆沮水，中途还假道浊谷水等，使郑国渠水量大大增加，灌溉周边农田几万余顷。

郑国渠的灌溉区原来多属盐碱地，郑国渠的引水中带来了大量肥沃的淤泥，不但可以冲洗碱，而且增加了土壤的肥

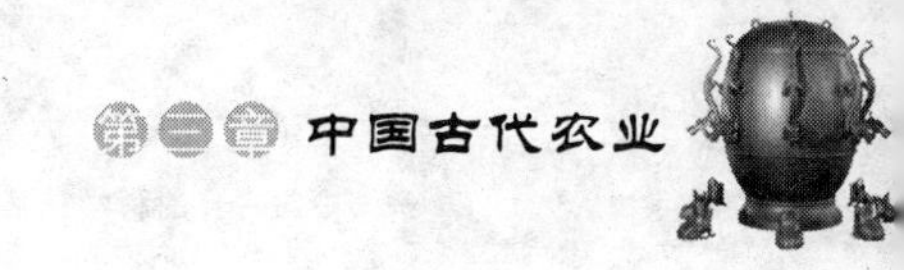

力，将关中的盐碱地变成为千里沃野，从而增强了秦国的经济实力。公元前221年，秦国终于完成了统一大业，充分说明“农为国之本”。

◇农田灌溉

●泉

我国的灌溉技术大约始于商代。《氾胜之书》记载：“汤有旱灾，伊尹作为区田，教民粪种，负水浇稼。”《诗经·小雅·白华》中说“滮池北流，浸彼稻田”，说明在西周时期我国劳动人民已经开始利用天然陂塘灌溉稻田。

为了防旱灌溉，获得粮食丰产，在兴修水利的同时，我国古代人民还广泛开发和充分利用各种水资源，做到地上水和地下水相结合，清水和含沙水都充分利用。

我国利用泉水灌溉的历史很早，历史学家认为商代就有了。《诗经·大雅·公刘》中讲到“观其流泉”，是指考察泉源，利用泉水灌溉农田。

我国利用泉水灌溉的现象也很普遍。河南辉县泉通百道，名百泉。北魏时已修筑百门陂，用来灌溉，此处生产的稻米明亮香美。山西在明代用来灌溉农田的泉水有太原的晋祠泉、平阳的龙祠泉和绛州的鼓堆泉。

● 井

在我国，井的起源很早，历史上有“黄帝穿井”、“伯益作井”的传说。据考古发现，我国最早的井见于龙山文化早期，在河南南汤阴白营发现的一口木构水井，深11米。春秋时有了陶井，人类最初是抱着瓦器下井汲水浇地，随着技术的进步，发明了利用杠杆原理制成的桔槔。《庄子·天地》中说到，子贡路过汉阴，见有人抱罐入井汲水浇地。他觉得费力，功效小，便劝他用桔槔提水灌溉，一日可浇地百畦。

我国北方地表水不足，历来重视地下水的开发利用。《齐民要术》中提到井的布局，布置合理，既保证出水量，又不妨碍农田耕作，还节约土地。当时的提水工具，井浅的用桔槔，井深的用辘轳。

坎儿井是利用地下水灌溉的一种独特形式，适用于山麓、冲积扇缘地带，主要是用于截取地下潜水来进行农田灌溉和居民用水。《新疆图志》记载，新疆各地都有坎儿井。坎儿井的水源是雪山经过山麓渗漏入砾石里的伏流或潜水。

吐鲁番盆地大量兴建坎儿井的原因，和当地的自然地理条件是分不开的。吐鲁番是中国极端干旱地区之一，年降水量很少，而蒸发量却很大。尽管酷热少雨，但盆地北有博格达山，西有喀拉乌成山，每年夏季大量融雪和雨水流向盆地，渗入戈壁，汇成潜流，为坎儿井提供了丰富的地下水源。博格达峰高达 5445 米，而盆地中心的艾丁湖，却低于海平面 154 米，从天山脚下到艾丁湖畔，水平距离仅 60 公里，高差竟有 1400 多米，这就为开挖坎儿井提供了有利的地形条件。另外，吐鲁番土质为沙砾和黏土胶结，质地坚实，井壁及暗渠不易坍塌，为大量开挖坎儿井提供了良好的地质条件。

这种井主要由暗渠、明渠和竖井三部分组成。暗渠，也叫横渠，是地下的停水道和输水道，地下水渗到暗渠里，并从暗渠流到用水的地方，长度从不足一公里到十公里以上不等。明渠露于地面，用来引水灌田。竖井，也叫直井、立井，是从地面向下凿的井。在开挖暗渠前必须先凿竖井，借以了解地下水位，确定暗渠开挖的位置；同时，在挖暗渠时，也要用竖井作为出土口和通风口。竖井的深度随暗渠距地面的深度而不同，深的可达 100 米，浅的只有 10 米，井口用石块或树枝、苇草等盖上。

坎儿井是一种因地制宜的灌溉方法。水量大的每天可灌溉农田几十亩，小的则三五亩，是人们根据当地自然条件做出的一大农业创举。

● 淤灌

我国北方地区，许多河流含沙量大，如黄河自古就有“一石水，六斗泥”之说。古代人民在实践中掌握了浑水灌溉的技术和诀窍，充分利用浑水中的水、肥及土资源。用浑水淤灌农作物，不仅满足水分需要，还可以提高土壤的肥力，起到改良盐碱地的作用。

早在战国时期，人们就认识到盐碱地的危害，设法进行改良。《尚书》中记载了盐碱地分布的地区。《吕氏春秋·任地》中有“甽浴土”的要求，大概是通过渠道灌水，冲洗盐碱土，溶解土中的盐分，由深沟把含盐量高的水分排走。

元、明、清时引含沙量多的河水进行灌溉的水利技术得到进一步的发展，为了减少黄河中的泥沙，防止水土流失，清代在黄河中游三门峡以上及山西中条山一带，多处设坝堰以阻滞沙土，沙土淤平后可以种小麦，解决了多沙河的治理问题。

◇灌溉机械

当自流灌溉的条件不足时，勤劳的中国人民想到了提水灌溉。除了早期使用的桔槔和辘轳以外，古人还发明了各种复杂的机械用来引水。

● 翻车

翻车也叫龙骨水车，据《后汉书·张让传》记载，翻车最初产生于东汉。三国时期，马钧对旧有的翻车进行改进，用于浇菜圃，后来全国各地农村广泛使用这种水利工具来灌溉农田。这种机械用于较高地势的坡地灌溉，相当省力，即使是儿童，也可自如使用。

关于翻车的形制和使用方法的详细记载，到元代才有，《王桢农书》中详细记载了翻车结构。翻车主要通过人力或畜力转动大轮轴，从而带动小轮轴，水通过一系列行道板带向地势高处，可连续运用，效率很高。

在元代翻车的基础上，人们又发明了水转翻车。水转翻车与之前的翻车不同的地方在于：动力机械需装在湍急的河边，借水的冲击使水轮转动。明代时又出现了风力翻车。

● 筒车

唐代还出现一种灌溉工具，是由小木桶相连，汲水于井中的立井式水车，称为筒车，也叫连筒。杜甫的《春水》中有“连筒灌小园”的诗句。筒车由竹或木制成一个大型立轮，由一个横轴架起，轮的周围斜装上若干小木筒，将筒车安装在水边，立轮的下部浸入水中，水流冲击轮转动，轮周围的小筒就不停地依次汲水到岸边木槽中，供农田灌溉。小筒起到叶轮的作用，自行使筒车旋转起来，循环提水，不需再供给动力。

这种筒车不断改进，后来又出现畜力转动的筒车，还有能把水提到六七丈高的高转筒车。

茶

中国素有“茶的故乡”之称，是茶树的原产地。中国也是世界上种茶、制茶和饮茶最早的国家，大量实物证据和文献资料显示，世界上其他国家的饮茶习惯和茶树种植都来自中国。

唐代开元年间，复州竟陵①的龙盖寺僧人收养了一个弃婴，这个孩子不但相貌丑陋，还有口吃的毛病，取名为陆羽。陆羽长大之后，嗜茶如命，精于茶道，成为大名鼎鼎的茶神，他的专著《茶经》是世界上第一部关于茶叶的著作。

《茶经》分三篇，详细讲述茶的起源、茶叶生产方法和茶具。此书广为流传，天下人更加懂得了饮茶，而卖茶人将陆羽奉为茶神。在中国的茶文化史上，《茶经》是一个划时代的标志，尽管只有7000字左右，但茶的所有秘密，都蕴含在字里行间。

① 复州竟陵，即湖北天门市。

◇种茶

古人对茶叶的应用，开始于用野生茶树的鲜叶直接作为药用和饮用。南方有野生茶树，在巴山、峡川一带，还有两人才能合抱的老茶树。唐代人讲究饮野生茶，认为“野者上，园者下”，因而《茶经》中对于茶树的栽培方法涉及很少。

古人对茶的认识很早。据《茶经》记载：“茶者，发乎神农氏，起于鲁周公。”《神农本草经》中提到：“神农尝百草，一日遇七十二毒，得茶而解之。”神农是农业之神，古人把一切与农业、植物相关的事物起源最终都归于神农氏。

周朝，茶叶已经成为贡品。以茶为日常饮料，开始于汉代，当时茶已成为流通商品，并供人们饮用。茶馆的出现也是很早的事情。唐宋时期，《封氏闻见记》中说：“自邹、齐、沧、棣渐至京邑，城市多开店铺，煎茶卖之，不问道俗，投钱取饮。”说明当时饮茶之风已经盛行。饮茶之风的盛行，促进了种茶、制茶的进一步发展。

陆羽之后，饮茶之风盛行，野生茶树很显然无法满足人们需要，茶叶栽培开始流行起来。苏轼有诗：“周诗记苦荼，茗饮出近世。”很显然，茶最初叫做“荼”，直至唐代人们尚未全部改用“茶”字。

关于茶树的栽培和管理方法，从陆羽的《茶经》到明代的茶书中都有所提及。《茶解》中讲：“茶喜丛生，先制地平整，行间疏密，纵横各二尺许，每一坑下子一掬，覆以焦土，不宜太厚，次年分植，三年便可摘取。”在栽培茶树的过程中，古人还发现扦插有利于茶树种的保纯，而用直播法进行有性繁殖，茶树的性状容易退化或混杂。

◇采茶

茶叶的采摘技术，直接影响茶叶的质量。为了保证制茶质量，古人很早就对茶叶的采摘时间、方法和质量提出严格的要求。《茶经》中说“凡采茶在二月、三月、四月间”，并强调只有在无云的大晴天才能采摘，天晴但是有云都不可以。明代张源的《茶录》[①] 中记载：“采茶之候，贵及其时。太早则味不全，迟则神散。以谷雨前五日为上，后五日次之，再五日又次之。茶芽紫者为上，而皱者次之，团叶又次之，光面如筱叶者最下。”采茶不但强调采茶时间，而且提出茶芽的颜色和形态是茶叶质量的关键。《茶解》还强调：“雨中采摘，则茶不香，须晴昼采，当时焙。”

古人也讲究茶叶的采摘方法，对手指和指甲的使用早在《茶经》中就有详细的要求。一般是食指与拇指夹住叶间幼梗的中部，借助于两指的弹力将茶叶摘断。不同的茶，采摘部位也不同，有的采一个顶芽和芽蒂的第一片叶子叫一心一

---

① 有两种版本的《茶录》，一是宋代蔡襄的专著，一是明代张源的专著。

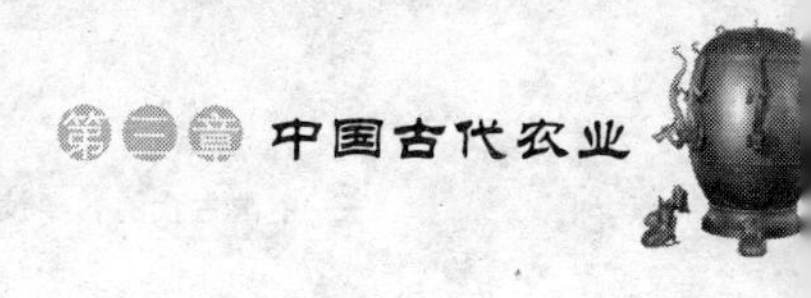

叶，有的多采一叶叫一心二叶，也有一心三叶。

◇制茶

古人在制茶环节，依然讲究颇多，工序精细，制造了众多的茶类和名茶。

采摘下来的茶须在日光下摊晒，或利用热风使茶的水分适度蒸散，使叶质柔软，这样可塑性大，便于造型。

元末明初之后，绿茶的基本工艺分杀青、揉捻、干燥三个步骤。杀青的两种基本方法是炒青和蒸青。唐代制作绿茶主要为炒青。唐代诗人刘禹锡有诗："山僧后担茶树丛，春来映竹抽新茸。宛然为客振衣起，自傍芳丛摘鹰嘴。斯须炒成满室香，便酌砌下金沙水。"诗中有对茶叶形状的描写，同时说明当时已有炒青技术。蒸青技术到元代也已经出现。

花茶的制作宋代已经出现，历经千年。茶有个特性，就是容易吸收别的气味，所以茶的贮存也有讲究。我国古代茶农充分利用这个特性，让它吸收人们喜欢的花香，便制作成花茶。花要求是新鲜的花，且含苞待放。什么花适合配什么茶，都会有所考虑，且制作工序也有所不同。

乌龙茶是一种介于绿茶和红茶之间的半发酵茶，既具有绿茶的清香，又具有红茶醇厚的滋味。其产生的时间最迟不会晚于明代中期，清代逐渐形成为一种茶类。人们喜爱的铁观音茶便属于乌龙茶的一种。

红茶的详细记载出现于清代，是一种全发酵茶，因干茶的色泽和茶汤均以红色为主，故名红茶。

种桑养蚕

中国人自古以来重视蚕业，在自给自足的农业社会经济中，蚕业有着重要的地位，因而对祭祀蚕神的活动也很重视，历朝历代设有先蚕坛，供皇后亲蚕时祭拜蚕神，祭祀仪式相当隆重。

◇亲蚕始此

蚕最初是野生的。养蚕由谁发明，说法不一。《淮南王·蚕经》中这样说："西陵氏劝蚕稼，亲蚕始此。"传说最早发明养蚕缫丝的是轩辕黄帝的元妃西陵氏，她发现蚕在树上吃桑叶，而且蚕最后结成茧，于是她摘下蚕茧，抽出蚕丝，织成丝绸，并向大家传授养蚕抽丝的方法，死后被人们祭为蚕神。

在民间，蚕乡的蚕神祭拜也是最重要的地方风俗，各地的蚕神及与之有关的神话传说有所不同，这些风俗都说明人们对蚕、桑的原始信仰和崇拜。

考古学家发现，中国至迟在四千多年前就已经有了对蚕丝的使用。1926年春，清华大学国学研究院的考古队在山西夏县西阴村仰韶文化遗址中发现经人工割裂过的“丝似的、半个茧壳”，这是迄今最早的蚕茧实物，距今有五千多年。

商代甲骨文中已出现与蚕丝生产相关的文字以及完整的卜辞，商周的墓葬中还发现形态逼真的玉蚕，这些都说明这一时期蚕已经开始室内专门饲养。入室养蚕不但增加了丝的产量和质量，而且带动了种桑和纺织技术的进步。从商代遗址出土的丝织物痕迹看，当时的染色、织造技术都达到相当高的水平，已经能够生产绚丽多彩的不同丝织品。

我国古代养蚕业的第一本专著，是战国末年著名的思想家荀况所写的《蚕赋》。他经过研究和观察，对蚕的生理、生态作出高度的概括。最让人惊奇的是，书中认为蚕应当有性别之分。直到20世纪初，蚕是否有雌雄性腺的问题才由外国人证实。

由于重视养蚕业，所以精通栽桑养蚕的人在古代受到政府和百姓的重视和爱戴。《管子·山权数》记载："民之通桑蚕，使蚕不疾病者，皆置之黄金一斤、直食八石，谨听其言而藏之官，使师旅之事无所与。"也就是说，对于那些精通桑蚕并懂得防病治病的人，政府会给予重赏，并将他们所提到的技术记录在案，免于服兵役等。

◇为蚕备粮

为了适应养蚕业的需要，种植桑树在古代变得越来越重要，先民很早就开始种植大面积的桑园，对于桑树的管理甚至形成法律条文。《诗经》中有"无逾我墙，无折我树桑"

秦律中规定："或盗采人桑叶，臧不盈一钱，可论？赀賨三旬。"偷摘别人的桑叶，价值不到一钱，应如何论处？要判处30天的苦役。由此可见，当时官府对丝绸之重视，规定之严苛。

从出土的战国文物上，可以看出当时的桑树栽培技术很早就已经初具规模和水平，已有乔木、高秆、低秆各种不同的树种出现。现藏于故宫博物院的战国铜器采桑猎钫上的采桑图，生动、唯美地刻画了人们在乔木桑树上的采桑活动。低矮的乔木桑也称"地桑"，它枝嫩叶肥，便于采摘和管理。贾思勰在《齐民要术》中大赞乔木桑："鲁桑百，丰绵绵，言其桑好，功省用多。"

一直到元代初期，我国北方的桑树栽培和养蚕业都居于重要地位。元代农书《农桑辑要》中有这样的记载："前金之末饥歉，民多饿殍，至夏初青黄未接，其桑椹已熟，民皆食椹，获活者不可胜计。"是指北方发生饥荒时，可靠桑树的果实——桑椹求生，足以说明金代末年北方的桑树很多，老百姓足以靠它充饥。

元代之后，由于棉花的栽培，南方的桑蚕业超过北方，并且桑蚕在农业中的重要性开始下降。

◇育蚕取丝

蚕的一生须经过蚕卵—蚁蚕—熟蚕—蚕茧—蚕蛾五个阶

段，共40多天的时间。在养蚕过程中，古代劳动人民摸索出养蚕取丝的几个关键性技术，主要包括浴种、喂蚕、调温和杀茧等。

● 浴种

蚕娥产卵后，蚕种表面会附着秽污之物，养蚕前必须加以清洗，称为“浴种”。《礼记·祭文》有“奉种浴于川”的说法，是指将蚕种放在河流中浸洗，以消毒防病。到明清时期，嘉湖一带的蚕农改用稀的食盐水溶液或石灰水、桑枝灰、稻草灰淋汁来浴种。

另外一种浴种方法为“天浴”。选择在寒冬腊月时，取蚕种置于笼中，挂在桑树上，任由风霜雨雪吹打。这种方法主要是为了优胜劣汰。

● 喂蚕

喂蚕过程讲究颇多。在蚕的成长过程中，什么时候该喂，每次给桑叶的量是多少，都是学问。古人已经发现并掌握，蚕的食量与身体颜色变化有关，喂桑的量和时间，都可以根据蚕身体颜色的变化来判断。

小蚕忌湿叶，大蚕忌受闷。在喂养小蚕时，要求用晾干后的桑叶，忌用刚采摘的湿叶。因为湿桑叶既容易造成蚕座冷湿，又容易造成蚕体虚弱，从而引起病害侵袭。古人两千多年前的经验总结，现在仍是蚕业生产过程中必须遵循的原则。

● 调温

蚕的生活环境对蚕的生长和结茧以及丝的质量都有很大影响。西晋时期，人们对蚕的习性有了更深的了解，已经能够适当地对蚕室温度作出适当的控制。到明清时期，一些地区已经懂得取得高质量丝的技巧。当熟蚕上蔟作茧时，在蔟下用温火加温，蚕丝从口中吐出即干，即人们说的“出口干”，这样的蚕丝品质好。

● 杀茧

熟蚕结茧时，分泌一种丝液，这种液体凝固形成连续的长纤维，这便是蚕丝，它是品质优良的天然丝。蚕农勤劳养蚕的最终目的是为了取蚕丝。蚕结茧后，化为飞蛾，如果破茧而出，茧就成了废品，不可以再缫丝作衣，因而在蚕结茧后，对蚕茧需做进一步的处理，免于成为废茧。人们发明了一种非常好的办法，用“盐渍杀蛹”来贮茧。用盐处理过的茧，不但易于缫丝，而且蚕丝还有韧性。

公元6世纪之前，我国一直是世界上唯一养蚕织绸的国家。相传，古罗马皇帝恺撒穿着中国丝绸衣服看戏，曾引起了不小的轰动，从此，开始了罗马帝国对中国丝绸的狂热需

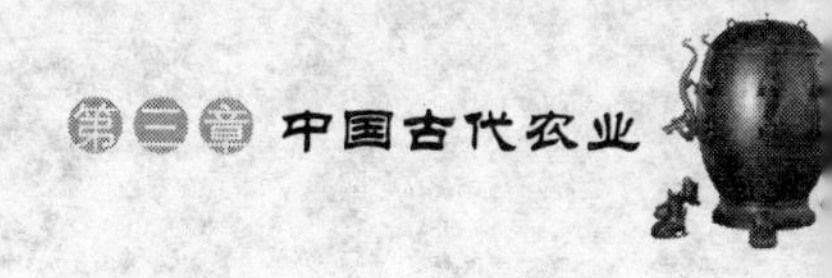

求。可以想象，当年的丝绸之路是何等的川流不息，热闹繁华。

中国的蚕桑技术是从汉武帝时期开始外传的。唐代高僧玄奘的口述书《大唐西域记》中记载，西域小国于阗没有蚕桑，起初派使节来中国，请求汉武帝赐给蚕种和桑种。谁曾想，汉王朝非但不给，还下令禁止蚕种和桑种出关。于阗国无奈之下想到和亲的办法，向中国公主求婚。待到迎娶中国公主的时候，于阗国王派迎新使者密告公主，称于阗国“素无丝帛蚕桑之种”，请她随身携带蚕桑种子出嫁。公主远嫁时便偷偷将种子藏于帽子中，逃过关口士兵查验，顺利将蚕桑种子带到于阗国。从此，西域地区便有了蚕桑生产。

在男耕女织的农业时代，桑蚕种子应该是新娘远嫁时最贵重的嫁妆了吧！

第四章 中国古代医学

中国古代医药有着悠久的历史和极强的生命力。劳动人民在长期同疾病作斗争的过程中积累了丰富的医药学知识和医疗经验，构建并发展了独特的医学理论体系。历代医家一脉相承，形成绵延数千年的医药学传统，两千年来，历代名医辈出，经典医籍不断问世，留下浩如烟海的医学文献，成为我国古代科学的重要组成部分。独树一帜的医学体系还深刻影响了周边民族和国家，为人类医学发展作出杰出贡献。

中国古代医药有着悠久的历史和极强的生命力。劳动人民在长期同疾病作斗争的过程中积累了丰富的医药学知识和医疗经验，构建并发展了独特的医学理论体系。历代医家一脉相承，形成绵延数千年的医药学传统，两千年来，历代名医辈出，经典医籍不断问世，留下浩如烟海的医学文献，成为我国古代科学的重要组成部分。独树一帜的医学体系还深刻影响了周边民族和国家，为人类医学发展作出杰出贡献。

古代医学典籍

最早由《黄帝内经》《黄帝八十一难经》和《伤寒杂病论》构成中医基础理论框架，这些很早就奠定的理论与概念，自成体系，独树一帜，促进了后世医学的进一步发展。

◇《黄帝内经》

现存最早、最重要的中医经典是《黄帝内经》，它被历代医学尊为经典，而且仍是今天中医的必读教材。关于它的成书年代尚有争议，但可以肯定的是，《黄帝内经》并非出自一时一人之手笔。它既不属于某一时期的作品，又绝非某位医家的个人著述。既有战国至西汉初期的篇章，又有西汉中晚期至东汉时的作品；既有魏晋以后的新作，又有唐宋医家的补充。唐代王冰补入了七篇大论，宋代又增补了两章遗篇。所以说是一部由战国至两汉时期历代医学名家，搜集当时的医学成果，通过整理加工和补充成篇，汇集而成的医学总汇。

《黄帝内经》包括《素问》和《灵枢》两部分，两书主要以问答的形式表达，内容丰富，阐述了包括生理、病理、药理、诊断、治疗及预防、养生等在内的一系列基本问题，所涉内容遍及中医理、法、方、药的各个方面，对中医理论基础的奠定，作出了不可磨灭的贡献。其中，《素问》主要谈阴阳之道、四季养生、脏腑经脉等人体生理、病理的理论知识；《灵枢》则主要以针灸疗法为主。

◇《黄帝八十一难经》

现今所称的《黄帝八十一难经》，在历代的医学文献中曾出现过多种不同的名称。《黄帝八十一难经》以设问、自答的形式写成，后人认为是东汉时期扁鹊的著作。书中设有 81 个问题，包括脉学、经络、脏腑、疾病、穴位、针法等六大方面。

与《黄帝内经》的风格有所不同，《黄帝八十一难经》

中的医学理论是将元气、阴阳、五行学说合为一体，融会贯通地运用于脉诊、经脉、脏腑、病候、腧穴、针法等六大方面。因而书中提到的各种方法都不属于某一具体疾病治疗，而是脱离具体的经验，建立起相关方面的总体认识与理论框架。

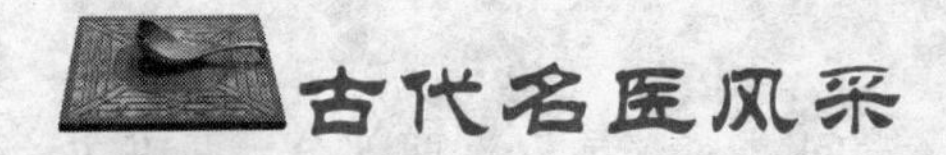

古代名医风采

我们经常用“病入膏肓”来形容病情危重，无法救治。为什么会有这样的说法呢?

春秋战国时期，我国已经出现了很多名医，秦国的和、缓是史书上最早有明确记载的两位名医。公元前581年，晋景公病重，请名医缓为他诊治，缓最后说景公的病在肓之上膏之下，药不能至，针扎不到，灸也不可达，无法再医治。从此便有了“病入膏肓”的说法。和、缓之后，名医辈出，代代相传。

◇扁鹊

人们经常用“扁鹊再世”等话来褒扬医生的医术高明。先秦时期，被传记描述的中医，只有一人，那就是扁鹊。扁鹊被尊称为“中国传统医学的鼻祖”。《战国策》和《史记》中，均记载了扁鹊行医的事迹和医案，并推崇扁鹊为脉学的

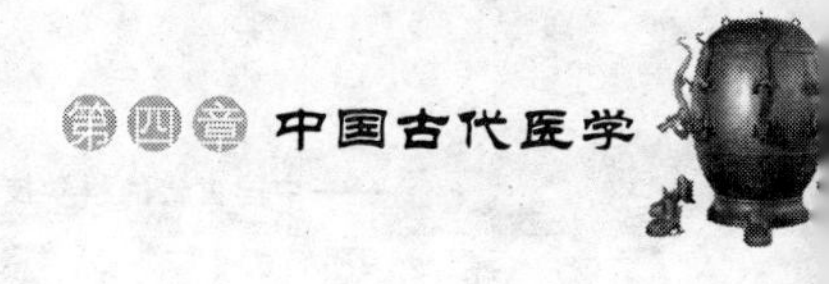

倡导者。

扁鹊姓秦，名越人，他原本是一家客舍的舍长，即管理旅店的人，与隐士长桑君偶然相遇。长桑君看他聪明好学，为人正直，于是决定传授秘法给他。长桑君交给扁鹊一服药，让他用露水服下，又给了他一部医书，然后就不见踪影了。扁鹊服药三天后出现奇迹，竟能隔墙见物，能透视人体五脏六腑。

精通医术的扁鹊云游各国，他到处行医。所到之处，随乡就俗，在邯郸他是妇科医生；在洛阳，是耳科和眼科医生，专治老年人耳聋眼花的毛病；在秦国他又当了儿科医生。扁鹊医术高明，处处受到人们欢迎。

有一次，扁鹊行医到了虢国，正碰上虢国上下忙于给太子办理丧事。扁鹊问了情况后，判断太子可能只是休克，有可能救活，于是主动要求进宫诊视。在一片讥讽声中，扁鹊见到太子，发现他还有细若游丝的气息。把脉后，扁鹊断定太子并没有死，而是得了昏厥症。经过他的针灸、按摩和灌药，虢国太子竟然真的醒了过来①。消息传开，人们都说扁鹊是神仙下凡，也有了“起死回生”的说法。

扁鹊主张有病早治，无病早防。在齐国，扁鹊一见齐桓公就说他有病，且正在不断深入体内，要他趁早医治。齐桓

① 这则故事在《史记》中有记载。

公不信，讳疾忌医，以为扁鹊在故弄玄虚。后来他的病情不断恶化了，派人去请扁鹊，却再无办法医治。

扁鹊发明的“导引术”类似今天的体操，通过模仿熊和鸟的动作，以多种方式弯曲和扭动身体，起到强身健体、防病治病的作用。

扁鹊还根据他的治病经验，总结出病有“六不治”：一是荒淫无度，二是轻身重财，三是衣食不注意，四是阴阳已乱，内脏功能严重失调，五是形体瘦弱，不胜药力，六是信巫不信医。以上六种情况只要有一种出现，就不能被医治。扁鹊的“六不治”原则，一直被后世的医家奉行。

后来，扁鹊由于医治秦武王痊愈，遭到秦国太医令李醯的妒忌，被李醯派来的人杀害。为人景仰的一代名医，就这样冤枉地死了。

了解了这么多关于扁鹊的事迹，细心的读者会产生一个疑问：扁鹊到底活了多长时间？他行医的时间居然有一两百年？史学家认为，要么古人把其他医生的事迹加到扁鹊头上，因为他很出名，后人只记得他；要么扁鹊已经不是指一个具体的人，而是泛指名医，当时人们把医术高超者都尊称为扁鹊。

扁鹊的事迹中，已有了望、闻、问、切四种诊断方法，即望色、闻声、问病、切脉；在治疗技术上，有砭石、针灸、按摩、汤药、手术等多种方式。汤药不是只用一种药物，而是多种药物互相配合。中医基本的内容和特点，也已经具备。

◇华佗

《三国演义》中，刮骨疗毒的故事展示了关羽的英雄气概，也让我们看到华佗的高明医术。关羽在建安二十四年由荆州率军北上，水淹于禁七军，兵围樊城。关羽右臂中了曹军的一支毒箭，他回到营中拔出箭头，但箭上的毒已渗入骨中，右臂青肿。于是请来神医华佗为他医治。华佗用尖刀割开皮肉，露出中毒的骨头，刮去箭毒，敷上药物，再缝合好刀口。关羽的身体很快就康复了。

华佗生活于公元 2 世纪末至 3 世纪，是我国古代杰出外科医生之一。他善用麻醉、针灸等方法，擅长开胸破腹的外科手术。他创编“五禽戏”，教人锻炼身体，增强体质。

华佗行医，并无师传，主要是精习前代医学典籍，在实践中不断钻研、进取。当时我国医学已取得了一定成就，《黄帝内经》《黄帝八十一难经》《神农本草经》等医学典籍相继问世，望、闻、问、切四诊原则和导引、针灸、药物等治疗手段已基本确立，并被广泛运用，所有这些为华佗精研医学提供了可能。《后汉书·华佗传》中说他“兼通数经，晓养性之术”，尤其“精于方药”。他曾把自己丰富的医疗经验整理成一部医学著作，名曰《青囊经》，可惜此书后来失传了。

虽然著作失传，但华佗的医学经验并没有因此湮没。因为他培养了许多有作为的学生，如以针灸出名的樊阿，著有《吴普本草》的著名药学家吴普，著有《本草经》的李当之等，使华佗的医学知识和经验得以继承和流传。《后汉书·华佗传》还提到，曹操患有“头风眩病”，病发起来疼痛难忍，这种病可能类似现在说的三叉神经痛。别的医生都治不了他的病，唯有华佗用针灸方法，针到痛止。

《三国志》中记载，曹操曾强留华佗做他的侍医。华佗推说妻子有病，回家后延期不返。曹操三五次派人去请，华佗不来。曹操大怒，将华佗抓回来，关入大牢，但华佗仍不从命，最后被杀死于牢中。后来，曹操的儿子曹冲患病，因无人可治而亡故，曹操悔恨地说：“吾悔杀华佗，才使此儿活活病死。”

江苏省徐州市沛县有一座华祖庙，庙里的一副对联，非常精辟地总结了华佗的一生：

医者刳腹，实别开岐圣门庭，
谁知狱吏庸才，致使遗书归一炬。
士贵洁身，岂屑侍奸雄左右，
独憾史臣曲笔，反将厌事谤千秋。

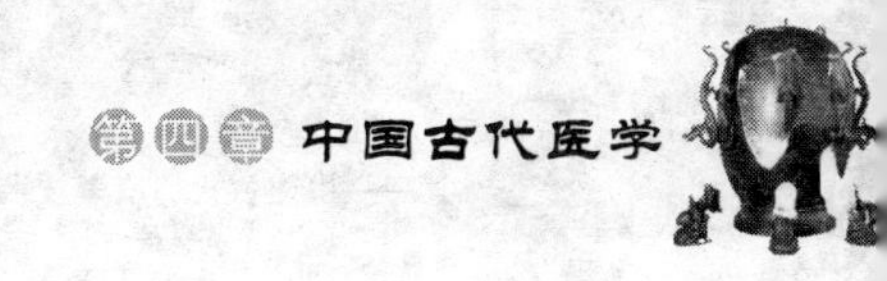

● 麻沸散

华佗医术高明，内外科都很精通，但最突出的是外科，被誉为“中医外科鼻祖”。明代陈嘉谟的《本草蒙筌》中引用《历代名医图赞》中的一首诗来评价华佗的医术：“魏有华佗，设立疮科，剔骨疗疾，神效良多。”

在现代医学中，手术过程中最关键的环节仍然是麻醉。华佗发明了麻沸散，是保证外科手术成功的重要条件之一。《后汉书·华佗传》中记载：如果患者发病于人体内部，针灸和服药都无效，华佗就让患者用酒冲服麻沸散。过了一会儿，患者失去了知觉，他就剖开患者的腹或背，把郁积的液体抽去，切除肿瘤。如果病在肠胃，那就除去积聚的脏物，切除有病的部位，然后将刀口缝合，敷上神药膏，四五天之内刀口就会愈合，一月之内患者则完全康复。刀口缝合后涂的神药膏，可能是一种效果很好的消毒膏。很可惜，麻沸散和神药膏的配方已经失传。

宋朝的《扁鹊心书》中记载有一种麻醉剂——“睡圣散”，其主要药物是曼陀罗花。日本一位著名外科医生，于1805年也曾用曼陀罗花做麻醉剂。20世纪六七十年代，我国成功地用曼陀罗花做麻醉剂，使中药麻醉重现光彩。有人推测，华佗麻沸散的主要成分可能也是曼陀罗花。

欧洲人最初进行外科手术时，使用放血的办法进行麻醉。

这种办法有风险，血流多了，病人有生命危险；血流少了，病人清醒，手术非常痛苦。1848 年，美国医生莫尔顿最早用乙醚做麻醉剂，之后外科手术麻醉一直采用此法。

◇张仲景

张仲景是东汉末年人，我国伟大的临床医学家。他不仅有丰富的临床经验，以精湛的医术救治了不少病人，积累了丰富的医学经验，而且写出了一部创造性的医学巨著——《伤寒杂病论》。这部巨著的问世，使我国临床医学和方剂学，发展到较为成熟的阶段。《伤寒杂病论》序中有这样一段话："上以疗君亲之疾，下以救贫贱之厄，中以保生长全，以养其身"，表现了张仲景作为一名医学大家所具备的医德。后人尊称他为"医宗之圣"。

●《伤寒杂病论》

公元 3 世纪初，张仲景凝聚毕生心血，写成《伤寒杂病论》一书。这是一本医学奇书，确立了中医学理论中的重要内容之一——辨证施治。书中理论与实践相结合，列举了许多病例，提供了大量有效方剂，历代医家对之推崇备至，赞誉有加。该书至今仍是我国中医院校开设的主要基础课程之一，是中医学习的重要典籍。

张仲景于公元 219 年去世，此书流传于民间。西晋时期的太医令王叔和偶然得到残缺的《伤寒杂病论》，并设法搜集《伤寒杂病论》的各种抄本，进行整理，使此书得以保存。

到了宋代，《伤寒杂病论》分为《伤寒论》和《金匮要略》二书，前者主要是关于伤寒病，后者主要是关于疑难杂病，今天所见的就是宋代校订本。

《伤寒杂病论》是一部具有深远影响的医学著作，它在医学上主要有两方面的贡献：一方面是疾病诊断中的辨证论治，另一方面是为不同的病情提供了多种治疗方法和方药。

综合在一起的症候群，中医称为“证”，对证仔细辨别后，就可以讨论治疗，最后开处方用药，这样的全过程，叫做“辨证论治”。在疾病诊断方面，《伤寒杂病论》提出运用望、闻、问、切四诊来询问了解疾病的部位和性质，归纳为“八纲”（阴、阳、表、里、寒、热、虚、实），形成辨证的原则。通过综合考虑，仔细辨别病情，将伤寒的不同类型和不同的病程阶段归纳为六大症候群，每一症候群都有一系列突出的症状相对应，称为“六经”，作为治疗的依据。张仲景的医学思想以及有关病症的论述成为后世中医辨证论治的规范和法则。

《伤寒杂病论》中提供三百多帖颇具奇效的经典方剂配药，后人称为“经方”，这些方剂的药物配比得当，主治明确。经医学实践证明，大部分方剂确有较高的疗效，而且在民间广为流传，如麻黄汤、桂枝汤、柴胡汤等。直到今天，日本的中医仍喜欢用张仲景的方剂配药。据说日本人曾经把药方稍作修改，结果却发现仍是原方的治疗效果最好。

《伤寒杂病论》得到后世医家推崇，被称为“众方之祖”①，历史上曾经有四五百位学者对张仲景的理论和方药进行探索研究，留下了近千种著作和专论，使得我国医学传统中出现了相对独立的伤寒学派，张仲景也被誉为“医圣”。

◇孙思邈

在西方，《希波克拉底誓词》被称为“医生职业道德的规范”，是医生必须遵守的法典。誓词要求医生以治病救人为已任，处处替病人着想；不可贪图钱财，对贫富病人要一视同仁；治病要认真负责，不可草菅人命；要以自己的所作所为，保持医生职业的高尚和纯洁。中国古代也有与之相似的医生职业道德规范，那就是唐代药王孙思邈编写的《大医精诚》。

孙思邈，唐代京兆人。他幼时天资聪颖，勤奋好学，但是体弱多病，为治病几乎倾家荡产。他亲身体会到医学的重要，于是努力学医。20 岁时他已行医于乡里，自己的身体也开始强壮起来，后来活到百岁以上。孙思邈学医非常虚心，

---

① 南北朝的陶弘景及后来的几位伤寒学派在著作中对《伤寒杂病论》作出“众方之祖”的评价。

精益求精。听说哪个人有一技之长，便不惜跋涉千里前往求教。他的医术不断提高，名声也越来越大。唐太宗、唐高宗都曾征召孙思邈入朝为太医，但他不贪图高官厚禄，婉言谢绝，保持自由之身。

鉴于当时医书部帙浩博，翻阅起来困难，如遇急症，等从书中查到处方，“疾已不救”，于是他博采众家医书之长，删除繁复，择其重要者集为一书，名为《备急千金要方》。书名的意思说明：人的生命千金难买；在紧急时刻，一个处方就可救人一命，因此它的价值超过千金。此书写成之时，年岁已高的孙思邈仍继续努力，结合自己长期的医疗经验，写成《千金翼方》。该书是《备急千金要方》的重要补充。

以上两书是我国医学发展史上具有重要学术价值的两部医学巨著。《备急千金要方》记载药方五千多帖，是对唐代以前中医学发展的一次很好的总结。《千金翼方》记载药方近三千帖，内容涉及本草、妇人、伤寒、小儿、养性、补益、中风、杂病、疮痈、色脉以及针灸等各个方面，对《千金要方》作了必要而有益的补充。此外，书中还详细介绍了两百多种药物的采集和炮制等相关知识。更为可贵的是，书中收录了晋唐时期已经散失到民间的《伤寒论》条文，对于《伤寒论》内容的保存和流传起到了积极的推动作用。

后人称孙思邈为“药王”，在他家乡陕西耀县修建了药王庙，他隐居的山也被称为“药王山”。药王庙中历代碑刻林立，纷纷赞颂他的高超医术和高尚医德。宋代将孙思邈的《备急千金要方》和《千金翼方》合为《千金宝要》，并刻在碑石上，如今仍存放于药王庙。宋代以来，药王庙前几乎年年有盛大庙会，人们将他作为神来崇拜。

◇金元四大家

《四库全书》中有这样的说法：“儒之门户分于宋，医之门户分于金元。”中医尽管都以《黄帝内经》《伤寒杂病论》等经典著作为理论基础，但是结合自己的研究心得和临床实践，各医家形成了独特的观点，理论上各执一端，治疗方法各有所长，形成“百家争鸣、百花齐放”的局面。一门科学，只有在比较发达之后，才有可能发生理论上的争论，形成不同的流派。学术争鸣完全符合中医的辨证施治思想。

金元时代，华北地区的刘完素、张从正、李杲、朱震亨四人形成当时医学上的四个流派、四个门户，人称“金元四大家”。

●刘完素

被称为“河涧学派”的刘完素治学态度积极进取，他称张仲景为“亚圣”，虽尊经但不拘泥于古，一生著作颇多，有《素问玄机原病式》《医方精要宣明论》《宣明论方》等，都是在研习经典医籍基础上的心得体会和进一步的理论创新。他倡言“火热论”，认为火热是导致多种病症的主要原因。对于火热病，刘完素发明了“双解法”的治疗法则，主张在解表的同时也要清里，提出辛凉解表和清热养阴的治法，多用苦寒之药，为此独创方剂“防风通圣散”。该药表里双解，为大众所熟知。

● 张从正

具有豪放性格的张从正推崇刘完素的学术思想，但强调邪气致病，将疾病产生归结于外界不同邪气的侵袭。结合前人的治疗经验及个人临床的体会，他将治病的各种方法总结为汗、吐、下三法，详细论证祛邪三法，形成了以“攻邪法”治病的独特风格，被称为“攻下派”的创始人。张从正著有多部医学著作，最有影响力的是《儒门事亲》。他十分重视食补，提出“养生当论食补”的著名论点。

张从正除了提出“攻邪”的医学思想外，在诊断和治疗技术上灵活变通，在注重中医整体性观念的同时，也能做到病患的准确定位。对于精神疾患的治疗，他使用情志疗法，通过心理治疗改善病人状况。

● 李杲

有“国医”之称的李杲恰逢生于宋金混战时期，他一生救治病人无数，是“脾胃学说”的创始人。李杲强调脾胃在人体中的重要作用，认为《内经》中所提到的百病之源要么为喜怒哀乐，要么为饮食失节、寒温不适，或为劳役所伤，主张“内伤脾胃，百病由生”的观点，形成了独具一格的脾胃内伤学说，也称“补土派”。他撰写了《内外伤辨惑论》《脾胃论》《兰室秘藏》等多部著作，阐明内伤与外感疾病的不同之处，在脾胃的生理、病理、诊断、具体治疗原则等方面，形成了自成一家的系统理论。“补中益气汤”是他创立的名方之一，该方主要用来补脾胃、升清阳、泻阴火、调整升降失常等。

● 朱震亨

朱震亨，人称丹溪翁，是金元四大家中出生最晚的一位，他早年学习儒家哲学思想，后从李完素的再传弟子习医，批判性地吸收经典理论，兼三家之所长，提出“相火论”，主张人身之中“阳常有余，阴常不足”的观点，治疗中多采用补养阴血的方法，认为只要阴血充足，阳自相附，后世称其为“滋阴派”的创始人。

朱震亨的代表著作有《格致余论》《局方发挥》《伤寒论辨》等，他的思想在明初占有重要的学术地位。《四库全书总目》中如此评价他的著作：“《局方发挥》出，而医学始一变。”朱震亨弟子众多，方书广为流传，对后世医家影响深远，形成医学史上广为传扬的“丹溪学派”。《丹溪心法附余》是丹溪学派的代表作，但并非朱震亨亲笔所著，而是后人整理他的临床经验所成。

金元四大家的形成，是宋代医学制度建立的结果。北宋太宗和仁宗等，对医学发展都很重视，采取了很多促进医学发展的措施，设置了类似于现代培养高级医学人才的医科大学这样的机构。宋仁宗时成立校正医书局，组织号召大家整理校正医书。宋代还设立了官方的药物专卖局，防止商家以假乱真，投机取巧。

古代药物学

作为一名中国人，从小到大，从未看过中医，没吃过中药的少之又少。中药与中医密不可分，是同步发展的。

中药利用草根、树皮、石头、鱼虫等治疗疾病，古代的药物学著作多称为“本草”，中药学就是“本草”之学。本草学的主要研究内容为各种药物的名称、性状、功能、主治、产地以及加工方法等。除了各种药物知识以外，还包括药物的配合应用的范例，称为“本草附方”。在医学技术发达的今天，古老的中药仍然以它神奇独特的疗效为人类健康服务，并得到世界人民的认同。

◇《神农本草经》

1974 年山西应县佛宫寺木塔内发现了神农像。神农是中国古代传说中农业和医药的发明者。史书上说“神农尝百草，始有医药”，又说“神农尝百草，一日而遇七十毒”。由此推算，神农生活于距今天约六七千年中国古代农业开始的时期，中药也应该是在这个时期开始有的。

人们常说“医食同源”，古人在采集食物的过程中会发现，哪些东西吃了可以充饥，哪些东西吃了可以止痛、提神，哪些东西吃了会中毒，会冒汗、呕吐、下泻、眩晕等。这样的经验积累起来，就是最原始的药物知识。

我国第一部药物专著是《神农本草经》，像《黄帝内经》一样，它也不是一时一人之作，借名神农是出于对神农的敬仰。该书是中国秦汉以前数千年医药知识的总结，书中共收药物 365 种，分上、中、下三品。上品药物无毒，久服有益无害，能滋补元气、健体强身、延年益寿；中品药能治病补虚，有毒或无毒，皆不可常服；下品药毒性较大，但可治病，能以毒攻毒，千万不可多服。

《神农本草经》中将上品药说得神乎其神，正是受这种思想的影响，秦汉时期求长生不老之风盛行，秦始皇、汉武帝是突出代表。一些有毒的药物，如雄黄、水银，也被当做上品，服了用这些药物炼的仙丹，非但不能长生，反而早死，所以坑害了不少人。

◇《本草纲目》

李时珍，字东璧，号濒湖，明代湖北蕲州人。他出生于中医世家，祖父和父亲都是名医，从小受到医学熏陶。李时珍幼时秉承父命，勤读经书，本希望能金榜题名，但后来屡次乡试不中，使他对科举心灰意冷，于是转而学医。经过"读书十年，不出户庭"的艰苦努力，他在医学上有很大提高。1551 年，他到楚王府任职，兼管医疗事宜。因医术高明，被楚王荐给朝廷，进入太医院。在太医院里，李时珍得以阅读珍藏的许多医学古籍，医学水平进一步提高。李时珍认为学医是为了济世救人，在太医院里很难实现这一崇高愿望，一年后他托词请求还乡。

为了编写新本草著作，李时珍博览群书，引证参考了历代本草著作 41 种，医书 277 种，经史杂书 440 种。他还多次外出考察，甚至冒险到深山密林观察和采集药物，足迹遍及数省。他不耻下问，农人渔夫、樵夫和捕蛇人都是他的老师。花费 30 年的功夫，经过两次大修改，李时珍终于完成了鸿篇巨制《本草纲目》。

《本草纲目》中，坚决废除了以前上、中、下三品的排列。矿物中有水、火、土、金、石，植物中有草、谷、菜、果、木，动物中有虫、鳞、介、禽、兽，最后是人，一共十六部。十六部之下，又分为六十类。每种药物，都以正名为纲，先纠正前人在药物名称上的混乱，再详细写明这种药物的产地、形态、采集和炮制方法、药性等，并附上用它治病的处方。论述条理清楚，纲目分明。

《本草纲目》在李时珍去世后才得以出版。一经刊出便受到国内外医学界重视，传到日本后，被日本医学界视为珍宝。18 世纪中期，相继被译为英、俄、法、德等国文字。莫斯科大学的走廊里，镶嵌有李时珍的大理石像，俄罗斯人视他为世界著名科学家之一。郭沫若称他为“医中之圣，集中国药学之大成”。

针灸疗法

针灸是中医的特殊疗法，是中国人民的一项发明创造，包括针法和灸法。针法是用金属制的针刺入人体一定穴位，再运用搓捻、提插、留针等手法，调整人体气血运行。灸法是把艾绒制成艾炷或艾条，点燃后温灼人体穴位，可起到活血、散寒等作用。针法与灸法常结合使用，又都是按照经络穴位操作，所以合称为针灸。

◇针灸

目前，医学界仍不完全清楚针灸的起源，针法可能来自于“砭石”，即以石刺病。古人在劳动或生活过程中，身体某一部位偶然碰到有棱角的石头，结果减轻了原有的某种病痛。这样的体验启发人们有意识地用尖尖的石头刺身体一定部位以治病，称为“砭石疗法”。

中国的针灸在实践中不断总结提高。春秋战国时期，针灸疗法基本成型，《黄帝内经》中的经脉学说是针灸的理论基础。扁鹊给虢国太子治病就使用了针灸疗法。华佗善针灸，曹操的头痛病他就是用针灸法治好的。三国时期的皇甫谧汇集针灸著作，“删其浮辞，除其重复，论其精要”，写成《针灸甲乙经》，对后世针灸的发展有重要影响。唐代时此书传入日本。

针灸疗法自古以来深受患者的欢迎，但掌握起来有一定难度。如果不经过专门的训练并熟练掌握，是万万不能随便在身体上施针的，否则会发生医疗事故，甚至危及生命。因而历代医家使用针灸疗法都非常谨慎，对于这方面知识的传授也非常重视。药王孙思邈说：“若针而不灸，灸而不针，皆非良医也”，“针灸不药，药不针灸，尤非良医也”。为方便学习针灸，他绘制了两幅大型彩色针灸经络穴位图，分别将人体正面、背面、侧面的经络和穴位画出。唐朝的太医署中还专门设立针灸师的职衔。

◇针灸铜人

宋朝天圣年间，宋代著名针灸学家王惟一主持铸造出两具针灸铜人，专门用于针灸疗法的传授与训练。宋代针灸铜人大小与成年男子相当，外壳可以拆卸，胸腔、腹腔都能打开，内有五脏六腑。铜人体表，绘有十四条经络循行路线，上面标有各个穴位，穴位是个孔，与内腔相通。在教学过程中，它是教学模型，学生能清楚直观地掌握各个穴位的准确位置。考试时将水银注入铜人体内，将体表涂上黄蜡完全遮盖经脉穴位，应试者只能凭经验下针。一旦准确扎中穴位，水银就会从穴位中流出。医学史书把这一奇特的现象称之为“针入而汞出”。针灸铜人构造精巧，是极好的教学模型。

我国历代制造了很多针灸铜人，大部分被损毁，圣彼得堡博物馆里存有明正统年间制造的铜人。上海中医药博物馆有一件镇馆之宝，是1744年铸造的一尊针灸铜人。该铜人是一位身材瘦长、面容慈祥、耳垂饱满的妇人，身上刻有580个孔穴及经络走向，可见古代中医教学之严谨。古代铜人多为男性，此具铜人却以女性形象出现，极为稀有。

古老的针灸疗法，至今仍在医学上发挥重要作用。近年来，西方国家都对针灸疗法产生了很大兴趣，有很多中医在世界各地开诊所，推广针灸疗法。

古代免疫学

免疫是机体的一种生理功能，机体依靠这种功能识别进入体内的病毒或细胞是“自己”或“非己”，从而破坏、排斥这些异常物质。中医中的免疫思想源远流长，方法多种多样，为人类健康作出巨大贡献。

◇以毒攻毒

中医素有“以毒攻毒”的治疗传统，懂得用有毒的药物来治毒疮等病毒性疾病。以毒攻毒就是中医的免疫理念，其方法可以追溯至《黄帝内经》。公元3世纪葛洪的《肘后备急方》中有治疗狂犬咬人的方法。当人被狂犬咬伤后，要将狗杀死，取狗脑敷贴于伤口上，可以预防或治疗狂犬病。这是利用病毒增强身体防病能力，进而取得防治该种病毒引起的疾病的最早尝试。以毒攻毒的方法接近于现代免疫学方法。法国医学家巴斯德就从狂犬的脑组织中分离病毒，并培养狂犬病疫苗，有效防治狂犬病。

孙思邈发明了用血清和伤口脓汁防治皮肤病：“取患疮人疮中汁黄脓傅[①]之，莫近水三日即脓溃根动自脱落。”[②] 这一方法与现代的血清方法极为相似。

如今，现代医学手段已经找到以毒攻毒的确凿证据[③]，这一治疗方法受到全世界医学领域的普遍关注，并广泛用于一些大病、急病及疑难杂症的治疗中，具有明显疗效。古代中医的免疫方法，最值得称道的是预防天花病的人痘接种术。

---

① 傅同“敷”，“涂”的意思。

② 这一方法取自《备急千金要方》。

③ 见《美国国家科学院院刊》第104卷第33期刊登的文章。

◇人痘接种术

古代有一种烈性传染病，俗称“天花”，中医称之为“痘疮”，主要经过接触或飞沫传染。这种传染病并非源自中国，公元1世纪，汉代西北边疆掳获的俘虏中有人感染天花病毒，天花随之传入我国，所以天花古代也称“俘疮”。

天花病肆虐时，死亡率相当高，英国女皇玛丽二世、俄国皇帝彼得二世等都死于天花。即使有人侥幸活了下来，容貌也被毁坏，脸上留下密密麻麻的小坑，甚至有人浑身布满小坑，十分丑陋，俗称“麻子”。中世纪时期，欧洲半数以上的人脸上布满麻点。我国明清时期，传染病的传播更加厉害，清代顺治皇帝就死于天花。

世界各地都在致力于天花病的防治，中国人率先取得突破，最初的各种治疗办法仍遵循“以毒攻毒”的思想。李时珍的《本草纲目》中记载有用感染过天花病的白水牛虱内服的方法：“用白水牛虱一岁一枚，和米粉作饼与儿空腹服之，取下恶粪，终身可免痘疮之患。”这种治疗办法接近于现代医学中的牛痘接种术。牛痘接种是英国著名医师琴纳在1796年发明的，但他的发明与中国人最早发明的人痘接种术有直接的渊源。

发明人痘接种的准确时间很难确定。相传唐代开元年间已经有种痘法，中国至少在明代已经普遍流行接种人痘。

在传播和推广过程中，人痘接种技术不断改进，由痘衣法改进为痘浆法，旱苗法改为水苗法。早期采用的痘衣法是用患者穿过的衣服给准备接种的人穿上。痘浆法是用棉花直接蘸取患者的痘疮浆液，塞入接种人的鼻孔。这两种方法较为原始，成功率低，后来停用。旱苗法是把患者身上的痘痂取下阴干，研成细末，用银管吹入人的鼻孔里。水苗法是把痘痂细末用水调匀，棉花蘸取后塞入接种者的鼻孔。改进过程中，痘苗的毒性越来越小，更加安全可靠。后来还出现熟苗法，“人工之选炼愈熟，火毒汰尽，精气独存，所以万全而无患也”。痘苗连续接种七次后，得到的痘苗为熟苗，经过多次接种形成的熟苗最安全。

1688 年，俄国派人来中国学习种痘术。之后，人痘接种术由俄国再传入土耳其。18 世纪美国最伟大的科学家和政治家和发明家本杰明·富兰克林的儿子死于天花病，所以他在国内呼吁人们接种人痘。

牛痘接种术的发明者琴纳曾接种人痘。一个偶然的机会，琴纳得知挤奶女工从患牛痘的母牛身上感染牛痘后，不会再染上天花。他从中受到启发，经过 20 多年的探索研究，最终发明接种牛痘法。事实证明，接种牛痘法是预防天花的最有效途径，从此产生了牛痘疫苗。1805 年，牛痘接种法传入中国，逐渐取代传统的人痘接种法。饮水思源，人类应该铭记中国人发明的人痘接种术。

中国古代四大发明

中国古代的四大发明对世界文明作出了突出贡献，对欧洲的影响尤为显著。正如马克思指出的：“火药、指南针、印刷术——这是预告资产阶级社会到来的三大发明。火药把骑士阶层炸得粉碎，指南针打开世界市场并建立殖民地，而印刷术变成新教的工具，总的来说，变成科学复兴的手段，变成精神发明创造的必要前提的最强大的杠杆。”可以说，四大发明为欧洲文艺复兴提供了物质、技术上的准备。

中国古代的四大发明对世界文明作出了突出贡献，对欧洲的影响尤为显著。正如马克思指出的：“火药、指南针、印刷术①——这是预告资产阶级社会到来的三大发明。火药把骑士阶层炸得粉碎，指南针打开世界市场并建立殖民地，而印刷术变成新教的工具，总的来说，变成科学复兴的手段，变成精神发明创造的必要前提的最强大的杠杆。”可以说，四大发明为欧洲文艺复兴提供了物质、技术上的准备。

指南针

今天，人们能自由驰骋于茫茫沧海，横贯漫漫大漠，甚至遨游太空，是因为有各种导航设备的指引。可是最早指引古人类远离田园故土的，却是一根铁针。

铁针能引导人类远行，是因为它附着有一种神奇的魔力，

① 马克思本人漏掉了造纸术。

这种力就是磁力。现代人类生活处处离不开磁。没有它，我们就无法看电视、听收音机、打电话；没有它，我们的夜晚就是漆黑一片。

◇司南

● 匪夷所思的磁性

现代科学研究和实际应用已经充分证实：物质世界的磁性和空间磁场的磁现象是普遍存在的，也就是说，任何物质都具有磁性，只不过磁性有强弱之分；任何空间都存在磁场，只是有的空间磁场高，有的空间磁场低。

物质的磁性有两个极，一个是N极，另一个是S极，而且N极和S极总是成对出现。如果有一块磁铁，从中间分开变成两块磁铁，任何一块磁铁还会出现两个磁极。无论把磁铁分割得多么小，它总是有N极和S极。我们的地球本身就是一块大磁铁，它同样也有两极，N极在地球的南极附近，S极在北极附近。

磁性的两极之间有一种特殊的关系，即同性相斥、异性相吸。如果把一块磁铁用细线从中间悬挂起来，让它自由转动，那么磁铁的N极就会和地球的S极互相吸引，磁铁的S极和地球的N极互相吸引，使得磁铁方向转动，直到磁铁的N极和S极分别指向地球的S极和N极为止。这时，磁铁的

N极所指示的方向就是地球的北极附近。

● 司南的制作

物质的磁性看不到，也摸不着，人类无法通过自己的感官直接体会物质世界的磁性。可是古人很早就发现磁力，他们在实践中逐步认识以到磁性的神秘特征，可以说中国是磁的故乡。

远在春秋战国时期，中国古书便有这样的记载："上有慈石者，下有铜金"，"慈石召铁，或引之也"。说明古人早在那个时期就发现了磁矿。战国时已经发现磁石的指极性，并用磁石制作指示方向的工具——司南。《韩非子》中记载有"先王立司南以端朝夕"，意思是说先王用司南来辨别方向。司南是由一只形状像勺子的磁石和一个平面的盘组成的，将勺状的磁石放在刻有 24 个方位的平滑的"地盘"上，它会自由旋转，等它静止时，勺柄所指的方向便是南方。

古人制作司南的方法和琢玉的技术相同。但与琢玉相比，将磁石打磨成司南简直是雕虫小技，因为磁石的硬度远比玉石小。但是，打磨过程中，要把握磁石的准确极向，保证勺柄指向南方却不容易。而且，磁石在打磨过程中容易弱化或失去磁性，成品很少。此外，勺与罗盘之间还存在摩擦力的问题，这也是降低司南灵敏性的一个主要因素。因此，汉代以后，人们设法改变磁体形状和用法，以改善司南的性能，指南针的发明正是这一技术改进的产物。从司南到指南针，在技术方面经历了几次改进。

◇指南针

指南针在中国又称磁罗盘或罗盘针，由转动的磁针和有刻度的罗盘构成。指南针虽脱胎于司南，但与司南完全不同，根本的区别在于它利用人工磁化而制成，是一项新的发明创造。

● 人工磁化

我国劳动人民经过长期的实践活动，磁学知识有了进一步的发展，发现了人工磁化的方法。《管氏地理指蒙》中记载了人们对磁性的认识：磁石有母之本性，而针由铁打造而成。磁石与铁针之间有母子特性，可以感应、互通。由铁打造而成的铁针带有其母的磁性，但较之更完善，磁针体轻且直，指向性更好。很可惜，铁针的指向却发生了偏离，它的两端本来应该指向正南、正北，却又偏向东、西。考虑到岁差沿黄道产生，这种偏离现象也是可以理解的。由此看来，古人在当时已经完全掌握了磁现象：一是铁针受磁石的感应，具有磁性和指极特性；二是发现磁偏角，但古人用岁差来解释磁偏角，这是一种错误的理解。

北宋时，曾公亮在军事著作《武经总要》中记载了制作和使用指南鱼的方法：先把烧红的铁片放置在子午线的方向上，烧红的铁片内部分子处于活跃状态，由于地球磁场的影响，铁分子顺着地球磁场方向重新排列。再将铁片蘸入水中，让鱼尾指向正北方，使铁片分子有规则的排列形式瞬间固定下来，达到磁化的目的。而且，在制作指南鱼时，人们已经懂得利用磁场存在的磁倾角，将鱼尾稍向下倾斜，以加强磁化程度。

宋代科学家沈括在《梦溪笔谈》中还提到一种人工磁化的方法："方家以磁石摩针锋，则能指南。"沈括指出，技术人员用磁石去摩擦缝衣针，就能使铁针带上磁性。这是一种利用天然磁石的磁场作用，使钢针内部磁畴的排列趋于某一方向，从而使钢针显示出磁性的方法。这种方法比地磁法简单，而且磁化效果也好，为制作有实用价值的指向仪器创造了条件。这一发明比欧洲人早了400年。

磁针不会指向正南北极，产生磁偏角，也就是说地球的磁极与它的南北极不完全重合。沈括在《梦溪笔谈》中不但提出磁偏角，而且留下一个疑问：为什么用磁石去摩擦缝衣针后，针锋有时指南，有时也指北？现在我们知道，缝衣针在磁化时，由于针锋所处方位不同，磁化后的指向也就有所不同。但沈括当时并不知道为什么针的指向会有所不同，只是记录了这个现象，并坦言自己没有做更深入的思考。可以

看出，沈括作为一名科学家的求实精神，知之为知之，不知为不知。

沈括还详尽记载磁石指南的四种方法，即水浮法、缕悬法、指爪法和碗唇法。《梦溪笔谈》中再次详细记载磁偏角现象，这比西方人对磁偏角的认识要早700年。

● 指南针的使用

人类识别方向的技巧很多，白天依靠太阳，夜间可以依靠各种星星的位置来确定方向，但这些方法会受天气的影响。而指南针及其装有指示方位的罗盘可以避免这样的缺陷，所以在航海领域得到重要应用。北宋时期的《萍州可谈》中说："舟师识地理，夜则观星，昼则观日，阴晦观指南针。"

指南针的发明，成就了中国古代发达的航海事业。明朝初年，航海家郑和率领庞大船队多次远航东洋和西洋，达到中世纪时期的世界最高水平。现如今，在大海中行驶的大小船舱的顶部，仍会装一个普通的磁力罗盘。当有意外发生时，各种现代化的导航设备有可能会失灵，但这永不消失的磁力总能忠实地告诉舵手准确的航行方向。

火药

说到火药，谁都知道它的厉害。在发明原子弹之前，它一直是人类手中最厉害的武器，但中国古人创造它，却是出于对美好生活的追求。

◇火药的发现

火药之所以称为“药”，说明它首先是一种药。火药和中医确实有一定的渊源。秦始皇统一中国后，一心想长生不老，于是他广求灵丹妙药，这使炼丹术兴盛而起。到了汉武帝时期，炼丹术更加风行。成书于汉代的《神农本草经》中，将硝石当做上品药，是延年益寿的丹药中的主要成分。

汉唐之际的道士是冒险家，更是原始化学工艺的开创者。他们在深山野林的丹房中苦苦探求点石成金、炼石成丹的方法，在寻求回天之力，炼制长生不老之丹药的过程中，偶然造出一种威力无比的可燃性物质——火药。

晋至唐时期，炼丹师在长期的丹药炼制过程中，发现把硫黄和硝石粉按一定的比例混合装进砂锅，再将点着的皂角子放入砂锅，让锅里的硫黄和硝石粉烧到熄火为止，再加上一定量的木炭粉，不停地加热炒，炒到一定程度，会发生爆炸，伤及手和脸，甚至烧毁房屋。痛定思痛，炼丹家从灾难

中发现了威力无比的火药。

◇火药的发明和使用

火药的性质被认识后，在军事上产生价值，人类开始有意识地用它来进行火攻，从而成为一种战争武器。

如果将这种容易爆炸的物质包裹在纸、布或充塞于罐中，燃烧时由于体积的膨胀扩大至几千倍甚至更大，就会产生无比的威力。根据这种原理，人们发明了火药。

宋代时，火药兵器得到了迅速发展，出现了专门制造火药和火器的作坊，生产出“霹雳炮”、“震天雷”等火器。宋代将领李纲在采石场战役中曾使用霹雳炮击退金兵的围攻。

宋、金、元时期，火器的发展速度加快，形式更加多样化，威力也越来越大，出现了管形火枪、火铳。

到明代，中国人还发明了“飞弹”，这是火箭的雏形。人们研制成功“火龙出水”，先将毛竹刮薄，前部雕成龙头，后部雕成龙尾。龙头下绑两个火箭筒。作战时，点燃总线后，整个火龙便迅即飞至敌方，这是第一级。当第一级火箭发射药燃尽后，又引燃龙腹内的火箭，于是火箭从龙口内喷射而出，攻击敌人，这是第二级火箭。这种火箭多用于水战，犹如“火龙”飞出水面。二级火箭的设计相当了不起，为远距离发射提供思路和基础。

如果说火药只会杀人，也太冤枉古人了，用火药渲染热闹、欢快的气氛是他们的拿手好戏。北宋著名政治家王安石写诗描写人们过春节："爆竹声中一岁除，春风送暖入屠苏。千门万户瞳瞳日，总将新桃换旧符。"这说明北宋时人们已经有放爆竹、迎春节的习俗，爆竹的主要成分就是火药。

造纸术

造纸术的发明是古代劳动人民为世界文明作出的重要贡献之一，它是书写材料方面的一次重大革新。而且，这一技术成就了另一项重要技术——印刷术的发明和发展，它是印刷术产生的必要条件。

我们经常说开卷有益，书本是人类获得知识的来源之一。没有纸张，哪里会有书本？在现代生活中，纸几乎成为万能的通用材料，文人墨客用它书写妙文华章，远在他乡之人用它书信传情。纸是如何发明的呢？

◇人类最初的书写材料

战国思想家墨翟在其著作《墨子》中记载："古者圣王必以鬼神为其务，鬼神厚矣。又恐后世子孙不能知也，故书之竹帛，传遗后代子孙。咸恐其腐蠹绝灭，后世子孙不得而记，故琢之磐盂，镂之金石以重之。"其中提到的"竹帛"、"金石"都是古代的书写材料。

中国历史上，各个时期的文字载体有所不同，最早可以追溯至刻有文字的甲骨和金石。距今有三千多年历史的河南安阳殷代都城遗址中，发现大量刻有文字的龟甲或牛肩胛骨，人们称之为甲骨文。

甲骨文后来发展出来金石文。古人常将历史事件铸在青铜器的钟、鼎上，因周以前称铜为金，所以这种文字也称为金文，或称钟鼎文。将文字刻在石、玉上的称石文。西周晚期青铜器毛公鼎内有 32 行 499 字的铭文，是现存最长的金文，被誉为“抵得一篇尚书”。金文应用的年代，上自商代的早期，下至秦灭六国，约 1200 多年。

严格地讲，甲骨和金石不能算作书写材料，真正意义上的书写材料应该是后来的简牍和缣帛。竹帛，就是指竹简和缣帛，是纸张出现之前及之后很长一段时间中主要的书写材料。用丝绢为书写材料，称为缣帛，中国最迟在春秋时期已经使用。到公元前 2 世纪的秦汉之际，甲骨与金石基本淘汰，帛和简已经成为两种基本的书写材料了。但这两样材料都有明显的缺陷，笨重且无法大量使用。

◇造纸术的发明

● 纸的出现

纸张出现的精确时间难以考证，至今在史学界仍有很大争议。根据《后汉书·蔡伦传》中记载，人们认为造纸术是东汉蔡伦发明的。后来考古工作者陆续发现了蔡伦之前的纸，进而确定造纸技术至少开始于蔡伦之前。

1957 年 5 月，在陕西西安市郊灞桥砖瓦厂的工地上，发现西汉古墓，出土灞桥纸。

灞桥纸经有关专家反复化验鉴定，最后确认西汉灞桥纸主要是由大麻纤维所造，也混有少量苎麻。它的发现，在科学技术史上具有重大意义，说明早在西汉时期，我国劳动人民就已经学会用植物纤维造纸。现分别收藏于中国历史博物馆和陕西省博物馆中。

西汉时期，我国劳动人民已经会制作丝棉了。方法是把蚕茧煮过后漂洗，放在竹席上，再把席子浸在河里，将丝絮冲洗打烂。丝棉做成之后，从席子上拿下来，席子上常常还残留有一层丝棉。等席子晒干了，这层丝棉就变成一张张薄薄的片状物，剥下来就可以在上面写字。

所以说，大约在西汉时期，纸张就取代了简册，它不仅适于书写，而且成本低廉，精美便携。

东汉许慎所写的中国历史上第一部字典——《说文解字》中已经收有“纸”字，并这样解释：“纸”的意思和在水中击打丝棉有关，所以“纸”字就用“纟”做偏旁。以丝棉为原料做纸，成本高，不可能大量生产。不过，这种纸的出现给劳动人民以启发，聪明的古人终于制造出了植物纤维纸。

1933 年新疆的罗布淖尔也发掘到一张西汉的古纸，但它的年代比灞桥纸稍晚。这张古纸同样也是用麻类纤维做成的。

● 造纸术的发展

纸一般是指以植物为原料，经过人工、机械、化学的作用先制成纯度较高的分散性纤维，与水配成浆液，经过漏水模具，使得纤维在模具上形成一层湿膜，再经过干燥脱水后形成的纤维薄片。

早期的造纸术，东汉时期的蔡伦贡献非常大。由于有机会经常和工匠们接触，蔡伦已经掌握一定的造纸经验，他又带领工匠用树皮、麻头、破布和破渔网等为原料造纸，改进造纸的方法，于公元 105 年制成了质量较好的纸，叫“蔡侯纸”。蔡伦造纸，原料来源更广泛，可以废物利用，价钱更便宜，纸质轻便，适用于写字，很快得到普及。

汉末，造纸术有了更进一步的提高，出现了名纸，左伯纸就是其中之一。左伯纸由造纸名手左伯所造，又名“汉伯纸”。左伯，字子邑，他造的纸，与张芝笔、韦诞墨并称为文房“三大名品”。东汉精于书法的史学家蔡邕称“每每作书，非左伯纸不妄下笔”，南朝竟陵王萧子良给人写信时称赞“子邑之纸，研妙辉光”，足见左伯纸声誉很高，深受当时文人墨客的喜爱。

纸的推广使用，有力地促进了书籍文献资料的快速增长和科学文化的传播利用。晋代出现像王羲之、王献之那样的书法家，书法艺术进入了一个全新的阶段，很大程度上要归功于纸的使用。

明代宋应星在《天工开物》中详细记载了造纸的一般工序和相关技术。造纸工序大致有五个主要工序：(1)将大麻、苎麻原料洗涤切碎，除去杂物。(2)沤麻，将原料中的大部分色素、果胶等有害于纸质的成分统统去掉。(3)蒸煮，把麻料放入特定的锅内蒸煮，蒸煮后并要淘洗，洗去掺杂成分。(4)舂捣打浆，用杵或臼把处理好的麻料放入臼中，用杵捣，软化纤维。(5)抄造，反复洗涤捣好的纸浆，最后再加入清水制成纸浆。再用纸模抄纸，形成一层薄膜，晒干或晾干后，揭下来便成纸张。

清代，造纸技术有了更大的发展，当时的宣纸，不仅纸色洁白光艳，久不变色，而且韧性极强，久折不断，有“纸寿千年”的称誉。

造纸术的发明是古代的一项重大技术成就，为人类的文化传播、思想交流和科学发展，提供了信息贮存和传递的手段。

印刷术

印刷术是印刷工艺的总称，古代主要有雕版印刷与活字

印刷，它被称为“文明之母”。印刷术的出现，离不开中国这块特殊的土壤。造纸术的发明和松烟墨的使用是这一技术发明的物质条件。

◇雕版印刷

印章和石刻的长期普遍使用，在技术上给予印刷术一定的启示。公元 4 世纪左右的晋代，人们已经开始用纸在石碑上通过墨拓的方法取得拓本。方法是：先将坚韧的薄纸浸湿了铺在碑面上，轻轻拍打，使纸面与石碑的罅隙充分接触。待纸干后刷墨，再将纸从碑上揭下来，即可得黑底白字的拓本。这种技术的精妙之处在于，字体的立体透视效果可以在纸上显示出来，刻痕深处墨迹轻，而浅处则墨迹重。拓印技术可以看做雕版技术的前身，因为雕版印刷只是把固定的石碑换作可活动的木板而已。

雕版印刷是指将文字或图案雕刻在木板上，作为印版，然后施墨印刷。其工序是这样的：(1)选用梨木或枣木，制作成版面大小的木板。(2)按版式的要求在纸上书写需要的文字或图案。(3)将写有文字或图案的纸张反贴在制好的木板上。(4)然后用刀根据纸上的图文线条雕刻，这样就制成印版，图文是突出在版面上的。(5)最后，在印版上刷墨，覆上纸张，用刷子刷印，再揭起，晒干成印刷品。将印好的纸张装订成册就成书本了。所以，中国用成语“付之梨枣”

来指书籍的刊印。如果出版了无价值的书籍，就以“灾及梨枣”的成语来讽刺，意思是糟蹋了梨木和枣木，实在是浪费。

雕版印刷出现的确切年代难以考证，争议很大，有少数佐证可作为唐初贞观年间的依据，但这一说法尚待进一步考证。

1974 年，从西安市西郊晚唐的墓中出土的印本《陀罗尼神咒经》，考古学家认为刻印年代在公元 650—670 年前后。这是国内现存最古老的印本。[①]

1966 年韩国庆州寺释迦塔石塔内发现木版印刷本《无垢净光大陀罗尼经》，认为是公元704—751年间刊印的，被称为“世界上现存最古老的木版印刷瑰宝”。经卷中出现了武则天时期的四个造字：证、授、地、初。

甘肃敦煌千佛洞中发现的卷轴式《金刚经》，扉页上是释迦牟尼说法的场景，末尾题字“咸通九年四月十五日王玠为二亲敬造普施”字样，是一幅雕刻精美的作品。末尾题字意思即为王玠为他的父母祈福消灾，咸通九年即公元 868 年。这一经本 1907 年被英国人奥里尔·斯坦因偷偷带回英国，现存于英国伦敦不列颠博物馆内。

---

① 也有专家认为是唐咸通或咸通以前所印，因其存放于一铜盒内，铜盒上面刻有唐咸通年号。

人们不满足于白纸黑字，元代的雕版印刷术有了新的发展，出现了黑、红两色套印技术。到明代有了五色套印。最简单的方法是在版上涂不同的颜色，一次完成书面的印刷。再有就是在版上多次涂色，再多次印刷。在此基础上，发明了套色印刷。套印技术更为复杂精密，但色彩斑斓，赏心悦目。

◇活字印刷

雕版印刷使书籍的生产上了一个新的台阶。但是，雕版印刷存在明显缺点，如果是刊印大部头的书，刻版费时费工又费料，而且产生大批量的雕版，存放极为不便。更麻烦的是，如果雕刻失误出现错字，非但不容易更正，有时整个雕版也得作废。

北宋的毕昇首创活字印书的方法。《梦溪笔谈》中记载了他的做法：胶泥去杂质，经过淘洗并澄清后，做成字模，再在字模的顶端刻字，字的笔画有一个铜钱那么厚。每一个字做成一个印章的模样，并用火烧字模使其变硬。取一块平板做托板，上面铺松香、蜡和纸灰的混合物。印书时，先放一个铁板框在托板上，框子里排好字模，用火烧烤托板，松香、蜡和纸灰的混合物稍熔化，就用一块平板把字模按平。

元代著名农学家王桢完善了木活字印刷技术。他还发明了排版用的转轮排字架，将木活字按次序排在可以旋转的轮盘上，便于快速拣字。王桢详细记载木活字的刻字、修字、选字、排字、印刷等工艺，写成《造字活字印书法》，附在《王桢农书》中。

木活字后来又进化为金属材料的活字，最初为铅活字，但金属铅不易受墨，使用时间不长。明代弘治年间又出现铜活字，清代用铜活字印刷的《古今图书集成》是当时世界上规模最大的一部图书。

活字印刷节约雕版费用，经济、方便、快捷，是印刷技术史上的又一次革新，为世界文明的传播和发展作出巨大贡献。

第六章

中国古代建筑

中国古代建筑是世界建筑宝库中的瑰宝。早在七千年前，华夏先民发明了榫卯结构，在长期的发展过程中，逐渐形成了以木结构框架为主要特点，结合夯土、斗拱、石雕、拱券及砖石工程等的传统建筑体系，在宫殿、民宅、楼阁、陵墓、石窟、寺院、古塔、园林、桥梁以及水利工程等建筑中都表现出独特的结构形式和艺术风格。

中国古代建筑是世界建筑宝库中的瑰宝。早在七千年前，华夏先民发明了榫卯结构，在长期的发展过程中，逐渐形成了以木结构框架为主要特点，结合夯土、斗拱、石雕、拱券及砖石工程等的传统建筑体系，在宫殿、民宅、楼阁、陵墓、石窟、寺院、古塔、园林、桥梁以及水利工程等建筑中都表现出独特的结构形式和艺术风格。

古代建筑特征

中国古代建筑以木构架为主要的结构方式，创造了与这种结构相适应的各种平面和外观，从原始社会起，一脉相承，形成一种独特风格。中国古代木构架主要有梁柱结构和穿斗结构两类。这两种结构自唐代起形式较为稳定，并形成了一定的基本程式。

梁柱结构是中国古代建筑主要的木构架形式，特点是沿着房屋的进深方向在石础上立柱，柱上架梁，再在梁上立短柱承托次梁，重叠数层柱和梁，最上层梁上立脊瓜柱，构成一组木构架。在相邻木架间架檩，檩间架椽，构成双坡顶房屋的空间骨架。抬梁式构架在春秋时已有，唐代发展成熟。

穿斗式木构架也是沿着房屋的进深方向立柱，但柱的间距较小，使柱能直接承受檩的重量，不用架空的抬梁，而以数层“穿”贯通各柱，组成构架。故所用的柱子较多，柱子之间由穿过柱身的穿枋相连接。这种结构技术大约在公元前 2 世纪时已相当成熟，流传至今，为我国南方地区普遍采用。

◇柱基

落地柱是整个木结构建筑中的主要构件，起着承受整个建筑物上层重量的作用。即使没有周围的围墙，木构架也不会倒塌。柱子下面有用石料制成的柱础，柱础的功能不少：(1)它可以更坚固支撑木头柱子。(2)防潮，以免柱子腐朽。(3)作为施工中地面找平的依据。有时候柱础上刻有漂亮的纹饰，显得更加美观。

◇斗拱

斗拱是传统建筑中的重要构件，它起着将屋顶重量均匀地传递给柱枋的作用。同时，斗拱向前后左右挑出，增加了建筑物的出檐深度，减少与之相接的梁等构件的净跨。尽管斗拱的式样多，但基本构造是由若干木条（拱）和方形木块（斗）组合而成。最简单的斗拱只有一个放柱头上的方形木块，复杂的斗拱有重叠至五层拱木的，其间还错落地排列着数十个斗。斗拱作为木构架的节点，具有伸缩余地，一定程度上可避免地震对建筑的危害。

斗拱经过不断蜕化，进一步被艺术化处理，兼具装饰功能。如福建泉州开元寺正殿，就把斗拱做成飞天乐舞的样子。

◇屋顶

中国古代木构架建筑的屋顶样式多种多样、千变万化、瑰丽多姿，它不仅为中国古建筑在美观上增加了不少神韵，而且对建筑物的风格也起到十分重要的作用。屋顶风格和形式与中国古代社会中的等级观念有着密切的关系。带有纪念性或象征皇权、神权的宫殿和寺院大殿，它们的屋顶从总体上看大致有五种主要形式：庑殿或重檐庑殿顶、歇山或重檐歇山顶、悬山顶、硬山顶和攒尖顶。中国古代匠师特别重视屋顶处理，将几种有限的几何形体，通过叠梁式构架的设计需要加以处理，使屋顶形式富于变化，且风格各异。北京故宫的太和殿就是重檐庑殿顶，天安门是重檐歇山顶，而故宫的中和殿为四攒尖顶，天坛的祈年殿则为三重檐圆攒尖顶。

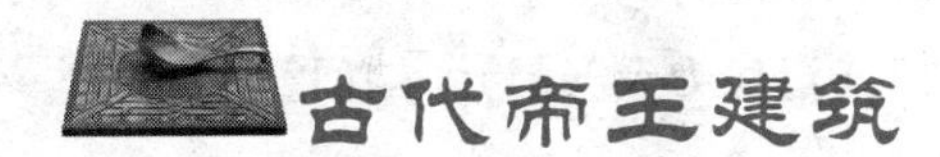

古代帝王建筑

◇宫殿

● 故宫

在中国传统的建筑中，宫殿最是富丽堂皇。宫殿是帝王们处理政事和生活起居的处所。皇权在古代社会是至高无上的，宫殿相应的也就成为社会中最高等级的建筑，规模宏大，极尽奢华。历朝历代的宫殿都代表着当时建筑设计和营造技术的最高水平。

现今保存得最为完整的宫殿是北京的故宫，它是目前世界上规模最大、最完整的古代木结构建筑群，集中地体现了中国古代建筑的独特风格。

故宫也叫紫禁城，是明清两代的皇宫，始建于1406年，距今已有570多年的历史。它占地1087亩，外围为紫禁城城墙，南北长960米，东西宽760米，高10米，外墙周围有宽52米的护城河，从而使它成为一座独立的城。城的东、南、西、北各有一个门，南为午门，北为玄武门（后避康熙帝玄烨之讳改为神武门），东为东华门，西为西华门。城的四角各建有一个角楼，造型玲珑秀丽，本为防御之用，却极富装饰点缀的功用。

为了增强护卫，从正阳门到午门之间，还设置了大明门（清代为大清门）、承天门（清代为天安门）、端门三座城门，每座城门之前都有广场，使故宫看起来更为神秘、威严。

故宫的建筑布局严谨、规整，以午门至神武门为中轴，呈严格的对称性，中轴线向南延伸至天安门，向北延伸至景山，正好与北京城的中轴线重叠。

故宫分为外朝和内廷前后两部分。外朝是皇帝行使朝政的主要场所，以太和殿、中和殿、保和殿三大殿为中心，文华殿、武英殿为两翼。从故宫的正门午门进入，经过一个大庭院，再经过金水桥，入太和门，便是外朝的三大殿。

太和殿民间俗称金銮殿，明朝初称奉天殿，后称皇极殿，清称太和殿，是明清皇帝颁布政令、举行典礼的大殿，包括皇帝即位、皇帝大婚、册立皇后、命将出征，以及每年元旦、冬至、万寿（皇帝生日）三大节受文武百官朝贺及赐宴等。

太和殿是故宫建筑中规格最高的建筑物，集中体现了我国传统的木结构建筑特点。檐下施以密集的斗拱，上檐九踩①斗拱，下檐七踩斗拱。室内外梁、枋等，全是沥粉贴金和玺彩画。殿内的天花、藻井都有彩绘。靠近宝座的六根沥粉蟠龙金柱，直抵殿顶。整座大殿富丽堂皇，体现了皇帝的至尊地位。

---

① 斗拱的形制以踩数来计，踩数指斗拱中横拱的道数。

过了三大殿后面的一片广场，就来到乾清门，左右有琉璃照壁，使内廷成为相对独立的宫廷区域。乾清门内中轴线上是乾清宫、交泰殿和坤宁宫，简称“后三宫”。两旁东西六宫对称排列，是皇帝处理日常事务以及他和后妃们居住的地方，称为“内廷”。内廷之后至玄武门为后苑，也叫御花园，是专供游玩的地方。

天安门至午门的两侧建有太庙（如今的劳动人民文化宫）和社稷坛（如今的中山公园）。玄武门的正北又建景山。从景山上眺望故宫，只见飞檐叠叠，琉璃片片，让人不得不赞叹中国传统建筑的宏伟。

◇陵墓

古代陵墓分为地下和地上两部分。地下部分主要是安置棺柩的墓室。一开始（约从商代到汉代）用木椁室，随后出现砖石结构墓室（东汉以后成为主流墓室）。这种地下砖石建筑物，发展到后来，规模宏大，结构严密，真正成为地下宫殿。还有一类墓室，由天然山岩开凿而成，始见于汉代，用于陵墓则主要是在唐代的时候。

我国早期砖石结构资料，多数来自古代墓葬，体现出古代砖石结构在力学和材料施工技术方面所达到的水平。古代墓葬的地下结构物较地面建筑保存得多，其中包含雕刻和绘画艺术等多方面资料，还包括防水、排水、密封等技术方法的历史资料。

地上部分主要是环绕地下部分而形成的一系列设施。从地形选择到入口、神道、祭祀场所和陵体，从建筑到绿化，整体上形成了纪念性建筑群。

● 秦始皇骊山陵

皇家陵墓中空前绝后的惊世建筑，当属秦始皇陵。秦始皇陵史称“骊山陵”，位于陕西临潼骊山主峰北麓。现存陵体为方锥形夯土台，东西 345 米，南北 350 米，高 47 米，共三层。陵体周围有夯土墙垣两重，内垣周长 3 公里，外垣 6 公里，是中国历史上最大的陵墓。

骊山陵自秦始皇即位初开始动工，至公元前 210 年秦始皇入葬，耗费了很长的时间，建成后的陵墓规模宏大，气势雄伟，结构奇特。据《史记·秦始皇本纪》记载，墓室放满奇珍异宝，墓室机关重重，盗墓人无法靠近。考古发现的兵马俑坑及铜马车，大约是史书上记载的“宫观百官”的一部分。

兵马俑是陶质的俑，比真人、真马还大些，形象逼真、栩栩如生，分为弓卒、步兵、骑兵、战车兵四个兵种，另有将军俑。兵俑所持武器皆为实战真物，用铜锡合金制成，虽历经两千余年，锋利程度如新出于硎。兵马俑埋于骊山陵东约 1.5 公里处，其布阵方向，朝向东方。这样壮观的场面，

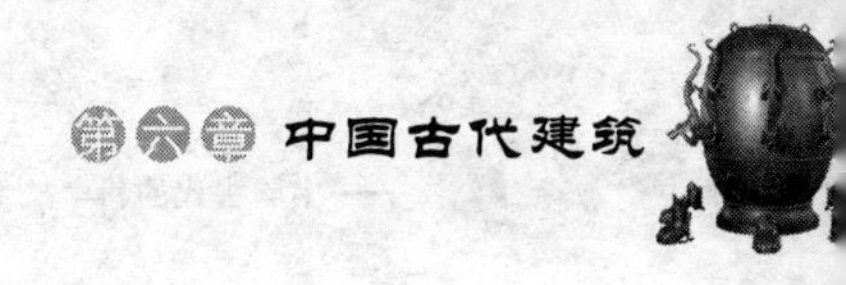

在世界文化史上也是罕见的。

● 唐乾陵

唐陵的特点是充分利用地形，以山为坟。唐高宗与皇后武则天合葬于乾陵，是唐陵的代表。乾陵位于陕西省乾县北梁山上，梁山分为三峰：北峰、东峰和西峰。北峰居中为主，前方东西两峰对峙且形体相仿，犹如门阙。两峰之间依势隆起的地段自然形成神道，乾陵地宫即在北峰，凿山为穴，辟隧道深入地下。隧道墓门用石条层层填塞，缝隙以熔化的铁汁浇铸锢闭，迄今无损。

乾陵地上部分的大致情况是：主峰（陵体）四周为神墙，近方形平面，四面正中辟门，各设石狮一对。神墙的四隅建角楼（角阙）。南神门内为献殿址，门外列石象，自南往北有华表、飞马、朱雀、石马、石人和碑。华表南即东西乳峰，上置乳阙（相当于宋陵乳台）；阙南又有双阙为陵南端入口（相当于宋陵鹊台）。这种运用前导空间与建筑物来陪衬主体的手法，正是后来明清宫殿和陵墓布局的渊源所在。

● 明十三陵

明代迁都北京后，在昌平天寿山集中修建陵区，称“十三陵”。十三陵距北京约 45 公里，陵区的北、东、西三面山峦环抱，帝陵沿山麓散布，各据冈峦，面向中心——长陵。

长陵（明成祖陵）居于天寿山主峰前，其南6公里处，有崛起对峙的两座小山，也是整个陵区的入口。整个陵区，南北约9公里，东西约6公里，环抱的地形造成内敛的环境，结合自然地形，各陵彼此呼应，成为宏伟、肃穆的整体。

整个陵区的入口，是山口外一座石牌坊，正面遥对天寿山主峰。这是石牌坊中的上乘作品，建于嘉靖年间。自此往北，神道经大红门、碑亭、石象生[①]（共18对，有马、骆驼、象、武将、文臣等）至龙凤门（相当于棂星门），均为嘉靖年间陆续修建。神道自牌坊至龙凤门约2.6公里，自龙凤门至长陵约4公里，途经山洪河滩地段，无所布置。神道最初为长陵而设，但随即成为十三陵共同的神道，各陵不再单独设置石象生、碑亭之类，这与唐宋陵制全然不同，也为清代效仿。神道微有弯折，因为道路在山峦间前行，须使左右远山的体量在视觉上感到大致均衡。因此，神道略偏向体量小的山峦而距大者稍远。这种结合地形的细腻处理，显然是从现场潜心观察琢磨而来，绝非简单闭户作图可以办到。

长陵为十三陵中最宏伟的一处，规模超过孝陵，是明清时期陵寝的代表。长陵建于1424年前，陵园由墙垣环绕，棱恩殿面积稍逊于故宫太和殿，但正面面宽超过太和殿，所以

① 石象生又称石翁仲，是帝王陵墓前主要供祭物之一，主要为石雕人物、动物，成对列于神道两旁。汉代霍去病墓最早放置石兽。

感觉上要大于太和殿，它是我国现存最大的古代木结构建筑之一。棱恩殿造型庄重舒展，殿内12根金丝楠木柱为历史少见。此殿虽经雷击、焚烧、地震，迄今仍无任何大的损毁。

定陵在十三陵中仅次于长陵和永陵。定陵的修建，从万历十二年（1584年）起到万历十八年（1590年）止，主要建筑有：石桥、碑亭、陵门、棱恩门、棱恩殿、明楼、宝城和地宫。主体建筑均坐落在中轴线上。神厨、神库、宰牲亭、祠祭属、神宫监等附属建筑，或在陵前，或在陵之左右。目前，除石桥、明楼、宝城、地宫保存完好外，其他建筑仅存遗址。明楼是整个陵墓的标志，坐落在方城之上，黄色琉璃瓦，歇山重檐顶。

◇坛庙

中国古代社会有各种祭祀活动，这种活动的主要建筑场所称为坛庙。坛是指用来供祀的露天的台子，主要用于祭祀天神地祇。庙是指供祀的庙宇，用于祭祀祖先、神灵等。古代帝王亲自参加的最重要的祭祀活动有三项：祭天地、祭社稷和祭祖先。明代开始规定：皇帝在天坛祭天，在社稷坛祭土地，在太庙祭祖先。

●天坛

中国古代的帝王称为“天子”，所以最隆重的祭祀活动是祭天。每年冬至皇帝都要祭天。此外，皇帝在登基后也须例行祭告天地，以表示“受命于天”。祭天起源很早，《周礼·大司乐》中说“冬至日祀天于地上之圜丘”，天坛就是皇帝用来祭天、祈谷的地方。中国现存的天坛共有两处：一处是西安天坛，另一处是北京天坛。北京天坛较为著名。

北京天坛建于明永乐十八年（1420年），与故宫同时修建，位于北京城的南端。天坛分为内坛和外坛两个部分，主要建筑物都在内坛。南有圜丘坛、皇穹宇，北有祈年殿、皇乾殿，由一座高2.5米、宽28米、长360米的通道把这两组建筑连接起来。

现存祈年殿是经雷火焚毁后于光绪十六年（1890年）又重新修建的，殿高38米，是一座有鎏金宝顶的三重檐的圆形大殿。大殿的全部重量都靠28根巨大的楠木柱支撑着，里圈的4根寓意春夏秋冬四季，中间一圈12根寓意十二个月，最外一圈12根寓意十二时辰以及周天星宿。殿内地面正中，是一块圆形大理石，上面有天然的龙凤花纹，与殿顶中央的盘龙藻井遥遥相对。

皇穹宇原是放置皇帝牌位的地方，结构与祈年殿基本相同，是单檐蓝瓦，殿顶也有鎏金宝顶，殿下有台基和汉白玉的栏杆。在皇穹宇的外面，有一道圆形磨砖对缝的围墙，整个围墙整齐光滑，门向南开，这就是回音壁。

回音壁有奇特的回音效果。如果一个人站在东配殿的墙下面朝北墙轻声说话，而另一个人站在西配殿的墙下面朝北墙轻声说话，两个人把耳朵靠近墙，即可清楚地听见远在另一端的对方的声音，而且回音悠长。

产生回音效果的原因是皇穹宇围墙的修建暗合了声学的传音原理。围墙由磨砖对缝砌成，光滑平整，弧度过度柔和，有利于声波的规则反射。再加上围墙上端覆盖着琉璃瓦，使声波不至于散漫地消失，增强了回音壁的回音效果。

圜丘是一座露天的三层圆形石坛，石坛每层周围都有汉白玉栏杆和栏板。坛面、台阶、栏杆所用石块全是九的倍数，据说，这是象征九重天。

● 太庙

帝王祭祀祖先的宗庙称太庙。北京故宫紫禁城前出端门往东，经太庙街门就进入太庙区，占地约16.5万平方米，由高达9米的厚墙垣环绕，墙外满布古柏，气氛肃穆。

南墙正中辟券门三道，用琉璃镶贴，下为白石须弥座，凸出墙面，线脚丰富，色彩鲜明，与平直单一的长墙对比强烈，十分突出。这一入口处理相当独特，入门有小河，建小桥五座。

北为太庙戟门，五间单檐庑殿，屋顶平缓，翼角舒展。进入戟门为广庭，北上为太庙正殿，原为九间，清代改为十一间重檐庑殿，与太和殿同属一个建筑等级，但形制上稍逊一筹。殿内列皇帝祖先牌位，置龙椅上。殿内用黄色檀香木粉涂饰，气味馨香，色调淡雅。

整个太庙建筑群，基本上是明嘉靖年间重建规模，是研究明代建筑群整体造型处理的典型代表。

● 社稷坛

社稷是土地之神。所谓“社”，即五土之神。按方位命名：东方青土，南方红土，西方白土，北方黑土，中央黄土。五种颜色的土覆于坛面，称“五色土”，实际象征国土。“稷”在古代指能生长五谷的土地神祇，是农业之神。

社稷，反映我国古代以农立国的社会性质。中国古代传统中，社和稷是两回事，因而也有分祭合祭之争。唐代分祭；本来社稷属于中祀，等级不高，后来升为大祀，由皇帝亲祭。明代则为社稷合祭。

按照古代“天为阳向南，地为阴向北”的理论，社为土地，属阴，所以坛内主要建筑均以南为上。

社稷坛的最北端为戟门，是社稷坛的正门。它修建于明代，面阔 5 间，黄琉璃瓦歇山顶，原为中柱三门之制，后改为 5 间，均为隔扇门。室内彩画为旧物，金龙枋心旋子彩画，室外彩画为新作的金龙和玺。门内两侧原列有 72 支镀金银铁戟，插在木架上，清光绪廿六年（1900 年）八国联军将其全部掠走。

戟门南为拜殿①，原本为皇帝到此祭祀时休息或遇雨时行祭之处，1925 年孙中山先生逝世后，灵柩在此摆放，后改名为中山堂。社稷坛拜殿是明初原物，其有重要价值。

古代宗教建筑

中国古代宗教建筑在建筑史上占有重要地位，包括道教、佛教和伊斯兰教建筑。由于历朝历代多提倡佛教，现存最多的宗教建筑当数佛教建筑。两晋南北朝时期我国佛教建筑不仅出现了大量的寺、塔和石窟，而且还融入了印度和中亚一带的雕刻与绘画艺术，从而使中国的建筑风格变得更加成熟和丰富。许多宗教建筑及其雕刻、绘画，成为后世极为宝贵的建筑遗产。

◇寺庙

● 山西五台山佛光寺东大殿

五台山在唐代已是我国的佛教中心之一，建有许多佛寺。1937 年 6 月 26 日，年轻的建筑学家梁思成、林徽音夫妇来到唐代木结构建筑佛光寺东大殿，他们被这座奇特的建筑深

① 拜殿一般指正殿之前的建筑物。

深地吸引了。通过殿内大梁上的题记墨迹，他们确认东大殿建造于唐大中十一年（857年）。

东大殿面积庞然，建在低矮的砖台基上，平面柱由内外两圈柱组成，都是圆形直柱，柱高相等，柱子直径略有差别。用梁思成先生的话说，此殿“斗拱雄大，出檐深远”，是典型的唐代建筑。经测量，斗拱断面尺寸为6.3平方米，是晚清斗拱断面的10倍。殿檐探出3.96米，这在宋代以后的木结构建筑中很少见。同时，大殿架的最上端用了三角形的人字架。这种梁架结构的使用时间，在全国现存的木结构建筑中可列第一。

大殿的屋顶比较平缓，铺有青瓦，殿顶脊兽用黄、绿色琉璃烧制，造型生动，色泽鲜艳。两个高大雄健的琉璃鸱吻矗立在正脊两端，使整个殿宇显得宏伟壮丽。

佛光寺东大殿虽历经修缮，唐代木结构基本未动。最后一次修缮是在明宣德年间。东大殿西南角的翼沿下有一座古钟，钟上的铭文记述了宣德年间的那次修缮活动。

佛光寺东大殿被誉为“中国古代木结构建筑的第一瑰宝”，也是我国宗教文化遗存中最珍贵的一件珍品。

◇塔

中华大地上分布着近3000座各式各样的塔，成为一道道人文景观，点缀着祖国的大好江山。塔是中国古代建筑宝库

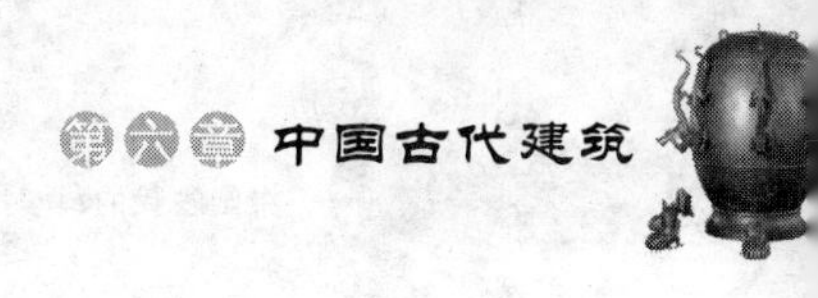

中的珍贵遗产。

塔的起源和形制可追溯至印度佛教建筑窣堵波[1]。窣堵波包括台座、覆钵、宝匣和相轮四个部分，最初是一种实心建筑，佛教传入中国后，窣堵波与中国传统的楼阁式建筑技术相结合，创造性地形成独具特色的中国式建筑——塔。

我国古人的造塔工程从来就没有间断过，在漫长的中国化过程中，塔的功能和结构逐步融入世俗化的元素，尽管仍然可藏高僧的舍利，但已兼具景观、风水等装饰作用，彰显出古代劳动人民在高层建筑技术方面所达到的精湛水平。《后汉书·陶谦传》中记载，东汉时期的官吏笮融“大起浮屠，上累金盘，下为重楼”，这是迄今所见关于造塔的最早文献记载，可见当时已经开始楼阁式塔的建造。

● 河南登封嵩岳寺塔

北魏正光四年（523 年）建造的河南登封嵩岳寺塔，是中国现存年代最早的用砖修筑的密檐式塔，也是国内独有的一座十二边形塔。

整座塔除了顶部的塔刹是用石雕外，其余都用砖砌而成。整个塔身分为上下两段，上段有 15 层塔檐，每两层檐之间有

---

① 梵文中也称“浮屠”，“坟冢”的意思。最初为纪念佛祖释迦牟尼而建，后来成为高僧圆寂后埋藏舍利的建筑。

较短的塔身，四个正面都有一个窗口。塔室中央为正八角形，整个塔室上下贯通，直通顶部，呈圆筒状。该塔不仅以其独特的平面形状闻名，而且以其优美和缓的轮廓曲线而著称于世。

● 山西应县木塔

全国现存唯一的古代木塔是山西应县佛宫寺的释迦塔，俗称应县木塔，它是我国最古老、最高大的纯木结构楼阁式建筑。该塔设计科学严密，构造完美，是一座既有民族风格、民族特点，又符合宗教要求的建筑，具有较高的研究价值。

应县木塔与巴黎埃菲尔铁塔以及意大利比萨斜塔并称“世界三大奇塔”。该塔设计为平面八角，外观五层，底层扩出一圈外廊，称为“副阶周匝”，与底层塔身的屋檐构成重檐，所以共有六重塔檐。每层之下都有一个暗层，因而整个木塔实际为九层。暗层外观是平座，沿各层平座设栏杆，可以凭栏远眺，身心也随之融合在自然之中。整个塔比例协调，高峻而不失凝重。

应县木塔堪称一座斗拱博物馆，它设计有近60种形态各异、功能有别的斗拱，充分展示了斗拱在楼阁建筑中的重要性和灵活性。由于斗拱之间不是刚性连接，所以在受到大风、地震等水平力作用时，木材之间会产生一定的位移和摩擦，从而可吸收和损耗部分能量，起到调整变形的作用。除此之外，木塔内外槽的平座斗拱与梁枋等组成的结构层，使内外两圈结合为一个刚性整体。刚柔相济，增强了木塔的抗震能力。可见，早在宋辽时期或者更早，中国的木结构建筑已经取得惊人的成就。

古代桥梁建筑

跨越江河溪谷的桥梁，如长虹卧波，不仅便于交通，结构合理，而且造型上各具特色，富于视觉美感，成为著名的人文景观。我国古代有着悠久的桥梁建造历史，技术水平居于世界的前列。早期的桥大都是梁桥，又称平桥，梁桥又分为梁柱桥和梁墩桥。后来逐渐有了拱桥，拱桥最晚在汉代已有兴造，是中国桥梁建筑中的一大特色。

◇灞桥

灞桥位于西安城东 12 公里处，是一座颇有影响的古桥。据古文献记载，灞桥可能建于秦穆公时期①，后被多次毁坏和修缮。目前的灞桥修建于清乾隆年间②。

清朝《灞桥图说》中详细记载道光十三年（1833 年）修筑灞桥的构造："桥长一百三十四里丈，横开六十七龙门，

① 《水经注》和《唐大典》中均提到有灞桥，但不一定是石柱桥。

② 灞水上多桥，桥址不止一处，此桥可能非彼桥。

直竖四百零八柱，分六柱为一门。每门底顺安石碾盘六具，深密钉桩。上累辘轴石四层，平砌石梁，横加托木。叠加木梁各一层，横铺木枋一层，边加栏上枋各二层。平筑灰土，上铺压檐石一层，垒砌栏杆各二层，量宽二丈八尺，凑高一丈六尺，两岸筑灰土堤。”也就是说，先用四段圆形石柱卯榫相接（中间还加石柱）形成一根石柱，由六根石柱组成一座轻型桥墩，墩台上加木梁并铺设灰土石板桥面。

灞桥是石柱桥的首创类型，其关键在于石柱和基础。基础用木桩，卯榫相接的石柱下有木柱 13 根，石柱和木桩间还有石盘。《陕西灞浐二桥志》中称：“石盘作底，石轴作柱，水不搏激而沙不停留。”

◇洛阳桥

“闽中多名桥，洛阳是状元。”在福建泉州东门外的洛阳江上有一座石桥，俗称洛阳桥。这是中国最早的一座大型石梁桥，整座桥用当地所产的花岗岩石块建成，江中小屿既起桥基的作用，也将整座桥分为两段。

洛阳桥建于 1053 年 5 月至 1060 年 1 月，桥所处的位置正是洛阳江的入海口，水面开阔，风急浪高，江流湍急，地势险恶。特殊的地势使得洛阳桥的建造工艺有四个特殊之外：

首先是筏形桥梁基础。我国传统的桥梁基础采用打桩工艺。在江底打木桩，再排木排作为基础，再在上面建桥墩。

洛阳江口水深流急，旧的方法不适用，于是当时的人们采用抛石筑堤的新方法：用船装载大石块驶到预定架桥的位置，将石块抛入江底，形成一条水下石堤作为基础。运用这一方法，可使桥梁重量均匀分布于较大的面积，增强桥梁的牢固性和稳定性，从而开中国桥梁建筑筏形基础之先河。

其次是船形桥墩。较长的桥一般都需要在两桥台之间建桥墩，视桥梁的长度定桥墩数量的多少。唐代以前，石桥墩一般都是长方形的，但这种形状的桥墩与水流的接触面大，所受的水流冲击力也大，容易被冲垮。为此，在唐代长安城建洛水天津桥时，就已经把桥墩迎着水流的一面砌成尖劈状，以减弱水流的冲击力。洛阳桥的桥墩需要考虑水流和潮汐两种情况，从而把桥墩两端都修成尖劈状，进一步发展了船形桥墩的建筑工艺。

第三是架设桥梁。在开阔的江面上，要把巨大的长梁凌空飞架于桥墩之上，这在当今建筑工程中也是一项艰难的作业。洛阳桥的每条桥梁长 13 ~ 17 米，重达数十吨。要架设如此巨大的石梁，这在古代是不可想象的。但这并没难倒中国古代的能工巧匠们，他们巧妙地借助大自然的力量，在船上搭一架子，把石梁先架于架上；在大潮来临时，将船划到桥墩之间，石梁此时高于桥墩，用古代所用的牵引机械，将石梁固定在要放的位置上方；退潮时石梁自然就落在桥墩之上了。这是桥梁建筑工艺方面的一大创新。可见，中国人很早就用吊机了。

最后是加固桥基和桥墩。桥基和桥墩由石块堆砌而成，这种松散的结合，容易被水流冲散或冲垮。工匠们利用牡蛎养殖巧妙地解决了这一难题。牡蛎是一种甲壳海生动物，喜欢附着于其他物体上生长并繁殖。在繁殖时石灰质外壳会连绵成片、成堆，并与附着物紧密粘连在一起。工匠们把牡蛎移殖于桥基和桥墩上，利用牡蛎的繁殖生长，不但把桥基的石块粘连在一起，也把桥基和桥墩连成一个整体。这一奇思妙想，堪称一项杰出的科学创举。所以这座桥虽历经千百年的风雨和大浪的冲蚀，仍得以保存。

◇赵州桥

河北赵县的赵州桥，又称安济桥，是中国最早的大型石拱桥，也是世界上现存最古老的敞肩桥。

赵州桥坐落于赵县城南的洨河上，为单孔石拱桥，由隋代杰出工匠李春建造。赵州桥在工程技术上有“三绝”，在中国古代桥梁建筑史上具有里程碑的意义。

赵州桥的第一绝是采用坦拱式设计，因而桥面平坦。我国古代石桥大多为半圆形桥拱，跨度较大的桥梁用半圆拱形，拱顶会很高，造成桥高坡陡，车辆行人多有不便。采用坦拱设计，使桥拱高度大为降低，实现了低桥面和大跨度的双重目的。

桥拱采用坦拱式，桥梁在基址和桥台构筑方面的要求更高。自重为2800吨的赵州桥，它的根基只是由五层石条砌成高1.55米的桥台，直接建在自然砂石上。一千多年来，赵州桥经历了无数次的洪水冲击和地震灾害，仍然能够保存完整，离不开基址选择和桥台设计上的科学性。

第二绝是李春创造性地采用敞肩拱结构。赵州桥是世界上现存最古老的敞肩桥。山洪暴发时洨河流量陡增，水势猛涌，在主拱券的两肩上各建两个小拱，既节省材料，减轻了桥拱两端的承重力，又可以起到泄洪的作用。敞肩式桥梁结构至今仍被广泛使用。

第三绝是整个桥的主拱券用28道小券并列成9.6米宽的大券。由于用并列式，各道窄券的石块间没有相互联系，不如纵列式坚固，人们在建造赵州桥时，在各道窄券的石块之间加上了铁钉，使它们连成整体。用并列式修造的窄券，即使坏了一个，也不会牵动全局，修补起来容易，而且在修桥时也不影响桥上交通。

古代防御建筑

◇长城

今天，人类从太空俯瞰地球时所能看到的建筑工程有两项：一是荷兰的围海工程，二是中国的万里长城。作为世界建筑奇迹之一，长城是中国人的骄傲，是中华文明的象征。

孟姜女哭长城的故事与秦始皇修长城有关，但秦始皇并不是第一个主张修长城的人，也不是最后一个。长城的修建，开始于2200多年前的春秋战国时期。战国时，燕、赵、秦的北部经常遭受匈奴人的侵袭，各国诸侯因而借地势修筑防御性边墙，史称燕、赵、秦长城。秦始皇统一六国后，又于213年发起修筑长城的浩大工程，在原有长城的基础上，把以前各诸侯国修筑的长城连起来，并增设大量关塞堡坞，形成自临洮至辽东的完整性边防线，即中国历史上著名的万里长城。

秦长城仅存部分遗址，今天所看到的长城，主要是明代重修的。明代长城西起嘉峪关，东至虎山长城，长达6350公里。

蜿蜒于崇山峻岭之间的万里长城是中国先民安边御敌的一项伟大建筑。这项工程持续进行了两千多年，形成由大量建筑组成的严密防御体系。它绵延一万余里，穿越于崇山峻岭、溪谷急流等复杂的地形之间，工程之艰巨难以想象。其中，地形测量、规划设计、施工技术等，足可以证明我国古代在这些方面所具备的水平。

出入长城的要道上一般都设有关城驻守，关城有着重要的军事意义。关城的建筑原则为“扰险制塞”，一般建在地势险要的位置。关城由方形或多边形城墙、城门、城楼、瓮城组成。有的还有罗城和护城河。城门是进出关口的通道，元代以后一般用砖或石块砌成拱券形的门洞。城门上方建有城楼，用来观察、指挥或战斗。城楼一般为木结构或砖木结构。著名的关城有嘉峪关、居庸关和山海关等。

● 嘉峪关

嘉峪关位于河西走廊的西端，通往新疆的大道上，是古代“丝绸之路”的交通要冲。

嘉峪关关城布局合理，建筑得法。关城有三重城郭，多道防线，城内有城，城外有壕，形成重城并守之势。它由内城、瓮城、罗城、城壕及三座三层三檐歇山顶式高台楼阁建筑和城壕、长城峰台等组成。内城是关城的主体和中心，内城东西二门外面都有瓮城回护，面积各有500余平方米。瓮城门均向南开，西瓮城西面，筑有罗城，罗城城墙正中面西设关门，门楣上题“嘉峪关”三字。关城内现有的建筑主要有游击将军府、官井、关帝庙、戏台和文昌阁。

嘉峪关地势天成，攻防兼备，与附近的长城、城台、城壕、烽燧等设施构成了严密的军事防御体系，有“天下第一雄关”的称谓，也是现存关城中最完整的一个。

● 居庸关

八达岭一带的长城位于北京西北，起着护卫京师的作用，所以设计和建筑更为考究，是长城中规格较高的部分。这一带长城分为三重，以偏关、宁武关、雁门关为外三关，居庸关、紫荆关、倒马关为内三关。其中居庸关最为险要，是著名的“燕京八景”之一。

居庸关距北京城50多公里，两旁高山险峻，中间是一条长20多公里的关沟，关城即建于沟中，是长城的主体。居庸关有南北两个外围关口，南口是关沟的入口，北口是八达岭。

相传秦始皇修筑长城时，将囚犯、士卒和强征来的民夫徙居于此，史称“徙居庸徒”，故命名为“居庸关”。

● 山海关

山海关位于河北、辽宁两省的交界线上，控制着辽西走廊，位于燕山东端与渤海之间的狭长地带，西面是高山，东临大海。长城从山上连至关城，形成险要的关隘，是通往东北三省的交通要道，防御体系较为完整，有“天下第一关”之称。

关城平面为方形，四面各开一个城门，各城门都建有城楼。在山海关的关城东门外，有一道护卫的重城，是东罗城，并于老龙头入海，是长城的东端。罗城上的城砖，几乎每一块都刻有修筑年代和修筑机构的印记。

古代园林建筑

早在商周时期，我国古人就开始了造园活动。公元前11世纪，周武王建有灵囿，这是古文献中关于园林建筑的最早记载。经过历代的发展，到明清时期，我国园林建筑进入了兴盛阶段，尤其是在清代，园林设计和建筑技巧都达到了极致，形成了两大园林体系，分别是以皇家宫苑为主的北方园林和以江南以及岭南的私家宅院为代表的南方园林。目前，保存下来的大多是这一时期的建筑。不论是北方气势恢宏、彰显尊贵的皇家宫苑，还是南方玲珑典雅的私家园林，都充分展现了我国古代园林建筑的高超技艺和独特风格。颐和园、承德避暑山庄、拙政园、留园并称“中国四大名园”。

◇皇家园林

我国古代皇家园林最大的特点是要体现尊贵的皇权和规模宏大的气势，清朝自康熙皇帝开始，主要集中于北京的西郊和河北承德两地修建皇家御苑。

● 颐和园

北京西郊处于西山山脉和平原的交接之处，西面有西山、玉泉山和瓮山，地下水源充足。优越的地理位置颇得皇家和封建贵族的青睐，金代以来，一直成为皇家和私家园林的首选宝地，造园工程在清代达到空前的规模。至今，在北京西郊的方圆几十里内，园园相接，楼阁相望，溪水相通，成为举世无双的皇家园林区。其中核心园林为清代所建的圆明园和颐和园。1860 年两园均遭到英法联军的焚毁，颐和园后来得以修复，而圆明园则只剩下目前所见的少量残垣断柱。

颐和园初建于 1750 年，选择原有的瓮山和瓮山泊为基址，以杭州西湖为蓝本，汲取江南园林的设计手法和意境，经过改造形成一座大型天然山水园。造园者首先汇集众水，拓展湖面，赐名为“昆明湖”。原来的瓮山经改造，形成目前坐北面南、前临湖水的格局，定名为万寿山，山的前坡上修建大报恩寺建筑群，作为整座园的中轴线，而后陆续环山修建各种建筑，于 1764 年建成占地 5000 余亩的皇家御园。

沿万寿山前坡（南坡）的中轴线，从山脚到山顶依次是大报恩寺的山门、大殿和佛塔，整个建筑群金碧辉煌，是颐和园的核心。万寿山东面是皇帝理朝听政和休息的地方，采取前朝后寝的格局。万寿山南面的建筑最为特别，沿昆明湖岸自西向东建造有长728米的长廊。对于园中建廊，明代末年造园专家计成在他的著作《园冶》中曾有“廊宜曲宜长则胜”这样的总结。也就是说，建廊要做到“随形而弯，依势而曲，或蟠山腰，或穷水际，通花渡壑，蜿蜒无尽”。漫步弯曲而空透的长廊，观赏湖光山色，可以步移景异，引人入胜，收入眼底的是千变万化的景色，好不惬意。

经过改造的昆明湖东面有东堤，西面有西堤，堤岸将湖分成三个湖面，其中各有湖心小岛，岛、堤分离，层次分明，使得空间富于变化。西堤仿照杭州西湖的苏堤，堤上也建有六座桥，使昆明湖愈发神似西湖。

颐和园中湖、山、岛、堤及其上面的建筑群形成一幅如锦似绣的画卷，园内景色和园外景色浑然一体，使空间得以无穷延伸，是中国园林中运用借景手法的杰出范例。

● 承德避暑山庄

承德避暑山庄也称热河行宫，是清代皇帝夏天避暑和处理政务的地方，康熙四十二年（1703年）开始在这里兴建承德避暑山庄，耗时89年，占地8000余亩，形成皇家最大的园林。

河北承德有山有水，气候凉爽，山庄利用连绵起伏的山丘，汇集热河泉水，汲取江南、塞北的风光特色，在山峰、山崖、山麓、山涧等地方修建了殿、堂、楼、馆、亭、榭、阁、轩、斋、寺等100余处建筑。它的整体特色是山中有园、园中有山，形成了群峰环绕、沟壑纵横的景观，山谷中清泉涌流，密林幽深。

山庄的建筑布局主要分为宫殿区和苑景区两大部分。宫殿区供皇帝处理朝政、读书和居住，主体建筑是用珍贵的楠木建成，也叫楠木殿。苑景区包括湖区、平原区和山峦区三部分。湖区的风景建筑大多是仿照江南的名胜建造的，湖面被长堤和错落有致的洲岛分割成五个湖，各湖之间有桥相通，两岸绿树成荫，显得曲折幽静、秀丽多姿。湖中的两个岛上分别有两组建筑群，布局巧妙，富有诗意。平原区主要是一片片草地和树林，西部碧草茵茵，属于茫茫草原风光，东部古木参天，林木茂盛，具有大兴安岭莽莽森林之景象。山峦区面积约占全园的五分之四，这里山峦起伏，沟壑纵横，峰奇石异，林木繁茂，有众多楼、堂、殿、阁、寺庙点缀其间。

另外，在避暑山庄外东面和北面的山麓分布着宏伟壮观的寺庙群，这些建筑吸收了蒙、藏、维等民族建筑艺术特征，也就是人们常说的“外八庙”，不同民族风格的寺庙如众星捧月般环绕着山庄，和谐地连成一个有机整体。

◇私家园林

自宋代以来，江浙一带的经济、文化发达地区，营造私家园林蔚然成风。到明代这种风气影响到大江南北，朝中官员、文人学士及富商纷纷建造各种园林私宅，兼具待客、读书、游乐的功能，追求平和宁静、清淡雅致，创造出世外桃源的境界。

私家园林因受地域的限制，规模较小，首先在布局上采取曲折多变的手法，设法在有限的空间创造出丰富的景观。其次，设计者善于将自然山水再现于园中，处处显示咫尺山林、小中见大的造园艺术手法。苏州的拙政园和留园是私家园林的典型代表。

● 拙政园

名冠江南的拙政园，是苏州园林中的经典，也被列于四大名园之首。拙政园建于明正德和嘉靖年间，是明代王献臣的私家宅园，其名字借自晋代潘岳《闲居赋》中的“拙者之为政”这句话。之后的四百多年来，拙政园历经沧桑，屡易其主，原本浑然一体的园子被分割为相互分离、自成格局的三座园林。目前的拙政园与早期拙政园有较大变化和差异，明代画家、书法家、文学家文徵明留有传世之作《拙政园图》《拙政园记》和《拙政园咏》，可见早期拙政园的大概面貌。

拙政园以水见长，花木为胜，造园时充分利用园地多积水的优势，疏浚为池，所成水面约占园林面积的三分之一。初建时人工建筑十分稀疏，仅一堂、一楼、六亭，因地制宜形成31个景点。园中建筑处理和庭院布置都很雅致精巧。

中园是拙政园的精华所在，园中的主建筑远香堂为清乾隆时所建，是整个拙政园的主体，园中各种各样的景观都是围绕远香堂而展开的。远香堂是一座四面厅，临水而建，面阔三间，结构精巧，四周景色环览无余。南面有小池和假山，还有一片竹林，北面是宽阔的平台，平台连接着荷花池，这也是拙政园的主景，池中有东、西两座假山，山上到处都是花草树木，各建有小亭，两座山以溪桥相通，满足了行游和静观两种目的，足见设计的合理、精巧。

- **留园**

留园是明万历年间徐泰时的私家宅园，占地30余亩，又称为东园。最初的建筑平淡疏朗，简洁而富有山林之趣。后来此园屡换主人，不断修建，昔日意境消失殆尽，现在的留园显得富丽堂皇。

与拙政园有所不同，留园以建筑见长，建筑面积占总面积的三分之一之多。各建筑布局运用大小、曲直、明暗、高低等技巧，吸取四周景色，形成层次丰富、错落相连、

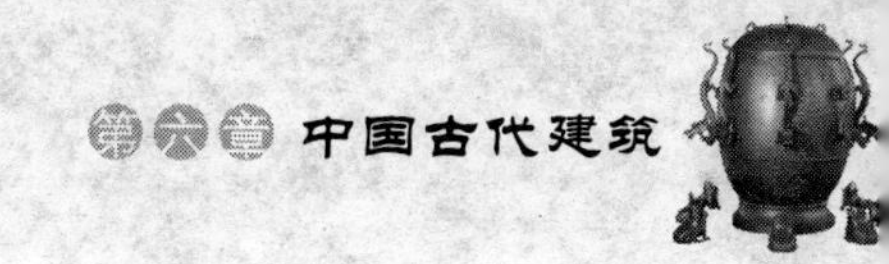

富有节奏感和色彩感、对比鲜明的空间体系。各建筑内外空间的处理也很特别，既有建筑围成庭院，又有庭院包围建筑，有时也用小小天井取得装饰效果，室内外空间融为一体。

整个园中曲廊贯穿，依势曲折，蜿蜒高下，通幽渡壑，长达670余米，穿行于曲廊，园中景象会变换出千姿百态，呈现出诗情画意般的无穷境界，实在令人赏心悦目。

中国古代青铜冶铸技术

中国大约在公元前1500年进入青铜时代，期间出现了两个高峰：一个是商周时期，以殷墟出土的青铜器为代表；另一个是春秋晚期至战国晚期，以曾侯乙墓出土的青铜器为代表。

在青铜技术方面，古老的中国是一个后进国家。尽管利用自然铜的时间晚于其他文明古国，但后来者居上，很快发明了青铜冶铸技术，并把这一技术发挥到炉火纯青、登峰造极的地步，造就一部博大精深的青铜文化史。

人类生产工具的发展，经历了石器时代、青铜时代、铁器时代。在青铜时代，青铜器的铸造和使用反映了一个国家的生产力水平。

中国大约在公元前1500年进入青铜时代，期间出现了两个高峰：一个是商周时期，以殷墟出土的青铜器为代表；另一个是春秋晚期至战国晚期，以曾侯乙墓出土的青铜器为代表。

在青铜技术方面，古老的中国是一个后进国家。尽管利用自然铜的时间晚于其他文明古国①，但后来者居上，很快发明了青铜冶铸技术，并把这一技术发挥到炉火纯青、登峰造极的地步，造就一部博大精深的青铜文化史。

先进冶铸技术的形成，得力于四个方面的技艺：一是先进的采矿技术；二是高温冶炼；三是精准的合金配比；四是高超的铸造工艺。

---

① 美索不达米亚人大约在公元前7000年，埃及人大约在公元前5000年，印度人大约在公元前2500年已经开始利用自然铜。

采矿冶炼

冶炼技术的发展，必然以发达的采矿业为基础，我国古代的先民们在矿石开采方面取得了长足的进步，并在实践过程中掌握了准确、合理的采矿规律。

早在新石器时代，中国人就已经会使用火攻法采集矿石。位于广州市郊区西南樵山的新石器时代制石工场遗址，是我国目前发现的最早的古代采矿遗址。该矿坑内壁上有火烧痕迹，巷道地面堆积了很厚一层经过火烧的磷石块和碳渣，说明早在五千多年前，我国古人就已经懂得利用热胀冷缩的原理来开采矿石，这是劳动人民创造的奇迹。

从大量青铜器的出现，可以肯定古代铜矿石的开采，到殷代已经形成规模。1988 年，在江西瑞昌夏畈镇的幕阜山东北角，发现了一处商周时期的铜矿采矿遗址。铜矿遗址的开采方法既有露天开采，又有地下开采，以地下开采为主。当时矿工能将开拓系统延伸到数十米深的富矿带，利用木立框支撑在地层深部构筑庞大的地下采场，并利用井口高低不同所产生的气压差形成自然风流解决了通风问题。遗址出土的开采工具青铜斧、钺、凿，翻土工具木锹、木铲，装载工具竹筐、竹簸箕，提升工具木辘轳、木钩等，说明古铜矿井有效解决了安全、通风、排水、提升等一系列技术问题，展示了我国早期采矿技术的辉煌成就。采矿区还发现了大型选矿场，出土了选矿器具木溜槽，它是利用矿粒在斜向水流中运动状态的差异进行物料选别。矿粒在重力、摩擦力、水流的压力、剪切力及档条阻力等联合作用下，松散、分层，达到按比重分离的目的。铜岭选矿槽的出土是世界选矿史上的重要发现。

1974 年，湖北大冶铜绿山发掘出春秋战国时期的古铜矿井。这个铜矿井采矿技术最显著的特点，是采用竖井、斜井、盲井、平巷联合开拓法进行深井开采，最大井深 60 余米，低于地下水位 20 余米。

瑞昌铜岭采矿遗址和大冶铜绿山古矿井遗址证明，我国早在商周时期不仅能找到富矿、大矿，而且已经能开掘出深矿井，这在当时世界上是极为先进的。

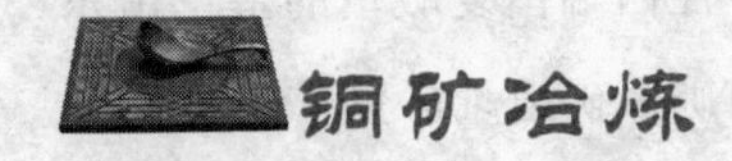

铜矿冶炼

◇活塞式风箱

加热铜矿石熔炼金属铜，需要 1100℃以上的高温。熔炉的科学构造是一个方面，更为关键的是燃料要充分燃烧，这就要求有充足的氧气。为此，人们利用大气的压差发明了鼓风设备，便于快速加温。

最早的鼓风设备是橐，《墨子·备穴》中提到“具炉橐，橐以牛皮”。橐是用牛皮缝制而成的一种囊状的鼓风器，最迟在春秋末期就已经使用。山东滕县出土汉代冶铁画像石，其中有橐的画面。我们大概推测，橐由三个木环、两块圆板，外裹皮革而成。橐的工作原理是：当橐被拉伸时，进气阀门打开，空气进入，充满皮橐；当外力挤压皮橐时，进气阀门关闭，输气阀门打开，空气被压入熔炉。整个装置被悬吊起来，利于操作。

生产过程中，皮橐得到改进。汉代发明了畜力和水力装置，而且为了增强鼓风效果，发明了排橐，即数个橐并列排在一起，同时鼓风。

唐宋时期，风扇取代了橐，后来又出现拉杆式活塞风箱，大大提高了鼓风效果。

中国在鼓风技术方面最重要的发明，是出现于唐宋时期的活塞式风箱。《天工开物》中的冶铸图谱上，已出现活塞式风箱。活塞式风箱采用压缩空气而产生气流的装置，大大提高了鼓风效果。民间最常见的风箱由木箱、活塞、活门构成，用来使炉火旺盛。这种木风箱一般是长方形的，箱内装有一个大活塞，风箱两端各设一个进风口，口上设有活瓣，箱侧设有一个风道，风道侧端各设一个出风口，口上置有一个活瓣。通过伸出风箱外的拉杆，驱动活塞往复运动，促使活瓣一起一闭，以达到鼓风的目的。由于活塞的推拉都能向炉火内送风，可以提供双向连续风流，大大提高了鼓风效率，是鼓风技术上的重大进步。

李约瑟对活塞式风箱的评价很高，欧洲到18世纪中期才出现与活塞式风箱相媲美的鼓风器。

◇胆铜法

提到冶炼金属，人们首先想到的是熊熊燃烧的火焰，我国古人却发明了一种不用燃料和熔炉的湿法炼铜技术——胆铜法。

了解胆铜法，先要从中药“曾青”开始说起。曾青是蓝色结晶状的硫酸铜，在空气中容易部分风化失去水分，而呈现白色，也称白青、胆矾。《神农本草经》中记载，曾青“能化铁为铜”。曾青化铁为铜的现象最初由古代的炼丹家发现。在炼丹道士的一些著作中有“曾青得铁则化为铜”，“以曾青涂铁，铁赤，色如铜”这样一些记载，意思是说曾青水溶液遇到铁以后，铁的表面会出现一层红色的铜。古代的炼丹家并不知道其中的道理，错误地认为铁能够变成铜。久而久之，这一发现启发了人们，成了古代湿法炼铜的基础，在北宋时期发展为著名的胆铜法。

曾青能化铁为铜的原理，其实是硫酸铜与金属铁发生了置换反应。金属活性排序中，铁元素比铜元素活泼，可以将溶液中的铜离子置换出来，附着于金属铁的表面。

尽管不知道其中的原理，但我国古人用胆铜法炼铜的技术却是科学合理的。在胆矾丰富的产地选取地势较平的地段，挖沟，底面铺满茅席，引入胆铜水；生铁锻成薄片，投入胆水槽中，浸渍数日，铁片变薄，上面附着一层赤铜，刮取铁片上的赤铜；再引入新的胆水，周而复始地进行生产。也有将胆水引入铁做的容器中熬制一段时间，铁容器上可得到铜，但这一方法需要燃料，成本较高。

胆铜法有三大优点：首先，它可以在铜矿产地就近炼铜，省了矿石搬运等繁重的劳动。其次，它可以在常温下进行，设备简单，不需要熔炉和燃料加热，大大节约了成本，避免了对环境的污染。再次，与火法炼铜相比，胆铜法对铜矿品质要求不高，只要有胆水的地方，贫矿富矿都可以进行生产，可制得精纯的金属铜。

胆铜法是中国古人在世界冶金技术上的一项伟大贡献，欧洲人在18世纪后才开始大量使用这一技术。17世纪后期，西班牙里奥廷托铜矿最早采用水法炼铜。

青铜合金

纯铜本身是红色的，也叫红铜。青铜，并不是纯金属铜，而是铜、锡、铅等的合金。商周时期，我国青铜器的使用已经普及，不论是民用工具、器乐，还是军用的武器，都是青铜制造的。

在冶炼过程中，古人发现铜与锡、铜与铅的配比不同，所炼制出来的青铜合金属性也大有区别。铜的熔点为1083℃，含锡量为25%的合金熔点会降至800℃，且加进的锡越多，熔点越低，质地越来越硬。但加锡过多时，合金越来越脆，易断裂。后来，人们又发现在青铜中加入定量的铅，能克服青铜变脆的弱点。

春秋战国时期，古人已经准确掌握青铜合金的配比和性能规律。《周礼·考工记》里对于各种青铜器物的合金配比有明确记载："金有六齐，六分其金而锡居其一，谓之钟鼎之齐；五分其金而锡居其一，谓之斧斤之齐；四分其金而锡居其一，谓之戈戟之齐；三分其金而锡居一，谓之大刃之齐；五分其金而锡居二，谓之削杀矢之齐；金锡半，谓之鉴燧之齐。"文中提到的"金"是指铜，"齐"是剂量的意思。钟、鼎之类的青铜材料，铜与锡之比为6∶1；用于制造斧头类工具的青铜材料，铜与锡之比为5∶1；制作戈、戟类兵器的青铜材料，铜与锡之比为4∶1；刀、剑类兵器的青铜材料，铜与锡之比为3∶1，等等。

《周礼·考工记》中关于青铜合金的成分配比，是世界上最早的合金经验总结。近年来，考古工作者检验了古代青铜器成分，发现其配比科学、合理。不同青铜器成分配比的规定是我国古代青铜技术高度发达的表现，它是工匠们在生

产过程中经过多次实践的经验归纳。古代没有任何分析检测手段，却能如此精确掌握青铜器的成分，说明冶炼技术上的高度发达。

青铜铸造

将金属做成千姿百态的工具和工艺品，创造高度发达的青铜文明，需要经过复杂的铸造加工工艺。简而言之，铸造就是将金属熔化后浇入模具中，待金属液体冷却后，除去模具后得到铸造器物。根据模具材料的不同，古代青铜铸造工艺分为三个发展阶段，分别是泥范铸造、金属型铸造和熔模铸造。

◇泥范铸造

最初的铸造技术使用石范，但石料既不容易加工，又不耐高温，随着制陶业的发展，泥范得到普遍使用。泥范铸造一直是我国最主要的铸造方法之一。

泥范铸造所使用的泥土，一般为质地纯净耐火的沙泥，具有很好的塑性和强度。将精选的泥土和好，置于阴凉处，经过反复摔打，备用。

接下来的工序是：(1)制模。用泥土按照器物原型雕刻成泥模。(2)翻外范。将调和均匀的泥土拍打成平泥片，按在泥模的外面，用力拍压，使泥模上的纹饰反印在泥片上。等泥片半干后，按照器物的耳、足、鋬、底、边、角或器物的对称点，用刀划成若干块范，然后将相邻的两泥范做好相拼接的三角形榫卯，使两者能互相拼接。晾干，或用微火烘烤，修整剔补范的花纹，这就成了铸造所用的外范。(3)制内范。将制外范使用过的泥模，趁湿刮去一薄层，再用火烤干，制成内范。刮去的厚度就是所铸铜器的厚度。将做好的泥土模具晾干，从中选择未变形、无裂缝的模具。(4)合范。将内范倒置于底座上，再将外范块置于内范周围。外范合拢后，上面有封闭的范盖，范盖上至少留下一个浇注孔。(5)浇铸。将融化的青铜溶液沿浇注孔注入，冷却后，取出所铸器物，经过打磨修整，一件精美的青铜器就制作完成了。

浇铸时，为了防止泥模遇高温裂开，所以要在700℃～800℃以上的温度下烘烤，使其陶化或半陶化，所以泥范也称陶范。

在泥范铸造中，分铸法最为常用：先铸器身，再在上合范浇注附件；或者先铸好附件，再在浇注器身时铸成一体。著名的后母戊鼎①和四羊尊就是使用分铸法才铸成的。

泥范铸造中还有一种叠铸的方法，就是把许多个范块或

---

① 中国商周时期青铜器的代表作，原称“司母戊鼎”。由于殷商时期字体较为自由，既可正写，又可反写，所以引起学术界争议。2011年3月28日国家博物馆的展板上标注为“后母戊鼎”。

成对范片叠合装配，只留一个共用的浇道进行浇注，一次可得到几十甚至几百个铸件。

金属型铸造是将石、泥等换作金属，成为耐用性更高的模具，主要有铜范和铁范。这在铸造技术史上具有重要的意义。这一技术的出现，说明当时已经需要大批量生产金属工具了。

◇熔模铸造

熔模铸造，也称失蜡法，实际上是一种镂空技术。先将易熔化的黄蜡制成蜡模，用细泥浆浇淋，再涂上耐火材料使之硬化。烧烤后，黄蜡熔化流出，形成腔形，南宋赵希鹄的《洞天清禄集》中曾详细记载了失蜡法的工艺流程。由于蜡容易精雕细琢，而且用这种方法制成的模具，浇注入铜溶液后，可以做出复杂的立体镂空纹饰，精细光洁，尺寸精确。直到今天，失蜡法仍是铸造精密铸件的主要方法，是我国金属铸造史上重要的技术创造。

现藏于河南博物院的云纹铜禁是迄今所知我国最早的失蜡法铸件。云纹铜禁四边及侧面均饰透雕云纹，周围有 12 个立雕龙头伏兽，器下有 10 个虎形兽足，纹饰繁复多变，外形华丽、庄重，说明春秋中期失蜡法铸造已经成熟。曾侯乙墓出土的尊盘，也是采用失蜡法铸制而成，盘上形成的多层云纹状镂空图案，普通铸造工艺很难制成。

用失蜡法铸造器物，由于采用整模，所以不会留下铸痕，表面光滑细腻，并且可以铸造相当复杂的纹饰。缺陷是铸造时由于没有留下出气孔，所以器物表面容易出现大小不等的砂眼或是铜液灌注不到的地方。

青铜器

◇殷墟中的青铜器

位于河南安阳小屯村的殷墟，是中国历史上第一个可以确定位置的都城遗址。从 1928 年 10 月 13 日开始发掘至今，先后发现宫殿、作坊、陵墓等遗址，包括大量生产工具、生活用具、礼乐器、甲骨等遗物。

殷墟中出土精美的青铜器 4000 多件，后母戊鼎是其中最大的青铜器。它是王室祭祀用的青铜方鼎，是商朝青铜器的代表性器物，现藏于中国历史博物馆。

后母戊鼎重 832.84 千克，鼎腹为长方形，上竖两个直耳，下有四根圆柱形鼎足，除四面中央是长方形的素面之外，其余各处皆有独具匠心的纹饰，以雷纹为底纹，饕餮纹、夔纹饰为主体装饰。造型高大厚重，雄伟宏大，纹饰华丽，工艺高超。从后母戊鼎的制作工艺来看，当时的青铜铸造技术已经达到极高水平。根据后来的考古发现，该鼎是商王武丁的儿子为祭祀母亲而铸造的，是商代青铜文化顶峰时期的代表作，是青铜器文化中的瑰宝。

◇曾侯乙墓中的青铜器

1978年5月23日，考古人员打开被命名为“擂鼓墩一号”的古墓，从墓中挖掘出134件青铜器，许多器物上都刻有“曾侯乙乍時”或“曾侯乙乍時用终”的铭文。很显然，墓主人曾是一位国君，姓“姬”名“乙”，尊称为“曾侯乙”。

● 编钟

众多的出土文物中，曾侯乙编钟是其中的精品，它是我国目前出土数量最多、重量最重、音律最全、气势最宏伟的一套编钟，堪称“编钟之王”。这套编钟有19个钮钟，45个甬钟，外加楚惠王赠送的一件大镈钟，共65件。曾侯乙编钟上刻有关于记事、标音、律名关系的错金铭文，包括钟架上栋梁和编悬配件上的铭文、磬铭文、磬盒铭文总共3775字。文字内容成为先秦乐律的重要资料。

曾侯乙编钟音质纯正，发音准确，造型恢弘壮丽，动人心魄。编钟的发声原理复杂，铸造时的尺寸、形状和合金配比，对编钟的音质都有重要影响。更为神奇的是一钟双音，按照钟体上的标音铭文所示，分别敲击钟的正鼓部和侧鼓部，同一个钟会发出两种不同的音，而且两种音之间相差三度。要使一个钟发出两种不同的音，并且保持三度的关系，除了要求钟体的形状以外，还需要进一步的调音、调律。编钟钟体内壁上有凸起的音塬和凹陷的音隧，并且要经过研磨和刮削。

铸造时不但要考虑美观，还要考虑它的声学特点，其难度可想而知。即使在今天，仍然不是一件容易的事。

● 尊盘

曾侯乙墓中出土的另一重要器物是尊盘。尊盘本是两件器物，尊是古代的一种盛酒器，盘是水器。曾侯乙尊盘出土时，尊置于盘之上，上下融为一体，相当别致。尊盘上装饰有纷繁复杂、精美细腻的镂空纹样，铸造技术上的高难度技巧，令人叹服。

尊整体上呈敞口喇叭状，外沿翻折，下垂，上饰玲珑剔透的蟠螭镂空花纹，似朵朵云彩。它是用 34 个部件，经过 56 处铸接连成一体的，尊上装饰有 28 条蟠龙和 32 条蟠螭，颈部刻有 7 字铭文。

盘呈直壁平底，盘体总共 56 条蟠龙和 48 条蟠螭，盘内底层也刻有铭文。

曾侯乙尊盘是用陶范浑铸而成，尊足等一些附件为另外铸造，用铅锡合金焊在一起。尊颈附饰的镂空纹样，则属于熔模铸造。这足以证明我国早在公元前 5 世纪，失蜡法铸造已经达到很高的水平。

中国古代陶瓷技术

中华民族的发展史，其中一个重要的组成部分便是陶瓷发展史。陶瓷是陶器和瓷器的总称，两者都是以黏土以及其他天然物质经过煅烧等过程而制得的物品。中国是世界上最早出现陶器的文明古国之一，是世界上最早烧制瓷器的国家，瓷器成为中国文明的象征。

中华民族的发展史，其中一个重要的组成部分便是陶瓷发展史。陶瓷是陶器和瓷器的总称，两者都是以黏土以及其他天然物质经过煅烧等过程而制得的物品。中国是世界上最早出现陶器的文明古国之一，是世界上最早烧制瓷器的国家，瓷器成为中国文明的象征。

中国近万年的陶瓷发展史，主要经历了彩陶阶段、釉陶阶段、陶器向瓷器过渡阶段再到瓷器的蓬勃发展阶段。由制陶技术的发展再到瓷器的出现并不是一蹴而就的，在技术与工艺上存在着一个漫长的逐步提高的过程。精美的陶瓷不仅彰显了我们的祖先在科学技术上的伟大成就，更蕴含了先民们对美的欣赏与追求。

先进的陶瓷生产工艺

陶瓷的制作过程中有很多奥秘。《天工开物》说“水火既济而土合”，精辟地总结了陶瓷的创造和发明。在水和火的作用下，古人能将非常不起眼的泥土做成造型各异、纹饰多变和彩绘纷呈的精美陶瓷，是一件不可思议的事。

瓷器并不是在某个特殊的时间和地点突发奇想而发明出来的，而是包含着各种偶然因素和许多次技术上的重大突破。在这个过程中，陶瓷烧制技术实现了三个方面突破：首先，是制瓷原料的认识方面积累了一定的经验，懂得精挑细选原料；其次，是烧制器物的新型炉窑的建立和烧成温度的提高；再次，是釉的发明和运用。

◇原料的选择和精制

古人最初是怎样发明陶器的？考古学家很难找到确凿的证据。恩格斯在《家庭、私有制和国家的起源》中对陶器的发明作出如下总结：“可以证明，在许多地方，或者甚至在一切地方，陶器都是用黏土涂在编制或木制的容器上而发生的，目的在于使其耐火，因此不久之后，人们便发现成型的黏土，不用内部的容器，也可以达到这个目的。”

- 黏土

受条件的制约，古人早期制陶只能就地取材，在他们生活的地方挖取现成的黏土制坯。但并不是所有的泥土都可以用来制作陶器，土质含砂太多则无黏性，不易成型，窑火烧制时更易松散；含砂太少或不含砂质则土质过密，受热时容易破裂。所以制作陶器需要找着合适的黏土做原料。中国古代制陶最常用的原料是铁质土，少数白陶则用镁质土制成。

随着制陶经验的积累，他们还发现，制作陶坯时需要加入一些羼和料，包括砂粒、石灰粒、稻草末或植物茎叶等，目的是为了在烧制过程中提高成品的耐热剧变性能，避免在焙烧时发生破裂；或者防止在制作过程中开裂、变形以及减少黏土的黏性等。

- 高岭土

大约三千多年前的商代，人们逐步认识和懂得了用高岭土制坯。用高岭土制坯，瓷器的出现便有了可能。

高岭土，也称“瓷土”，主要成分为高岭石，是制作精陶和瓷器的上好原料。之所以称为高岭土，源自 18 世纪来华的法国传教士殷弘绪，他对中国的瓷器很感兴趣，曾在江西景德镇居住 7 年之久。景德镇是享誉世界的陶瓷之都，镇外有一瓷土产地，名为高岭村。殷弘绪在他所著的《中国瓷器的制造》一书中以“高岭”命名瓷土，之后这一名称被中国乃至世界广泛沿用，成为专有名词。

并非只有景德镇的高岭村才有高岭土，高岭土在中国的分布区域广泛，储量丰富，品种和成分多种多样。但是，工匠们在选用原料的过程中经过仔细琢磨、思考与探索，逐渐认识到原料的粉碎和淘洗很重要，进而提高了制瓷原料的纯度和性能，这是中国古代瓷器领先于世界的重要物质条件。

古人最先用高岭土制作出质地细密且很有光彩的准瓷器，也称原始瓷器。直到15世纪，瓷器在欧洲仍是稀世珍宝，只有王公贵族才可以享用。那时的欧洲人梦想，只要能找到中国人用来制瓷的高岭土矿，他们也能制出瓷器来。1520年，第一批高岭土样品由葡萄牙人带到欧洲，殊不知，单有高岭土也不能制出瓷器来，欧洲人对中国瓷器只有望洋兴叹！

自然界中天然的高岭土和长石、石英等硅酸盐矿物质共生，这些物质在高温条件下可以熔融成釉。工匠们的一个无心之举，使得制釉变成现实。

● 瓷石

我国南方盛产瓷石，东汉年间，人们开始用瓷石做坯料，烧制出最早的瓷器——青瓷。

瓷石是什么呢？它是以石英和绢云母为主要矿物的岩石。

瓷石主要为硅和铝的氧化物，还包括一定量的钾、钠氧化物以及不量的钙、镁、铁、钛的氧化物杂质，具有适当的可塑性，又有助熔作用。由于本身成分接近形成瓷器所需的主要成分，所以可以单独用作制瓷原料，这就是中国制瓷历史上的一元配方。

中国瓷器的真正出现，主要还是因为我国古人勤于观察、善于思考、勇于探索，找到了瓷石。瓷石的使用，标志着瓷器的真正诞生。我国南方首先烧制出青瓷，归功于单独使用这类瓷石做原料。由于当时只用瓷石作为制瓷原料，也就形成我国南方早期的石英－云母系瓷的特色。到后来逐渐在瓷石中掺用高岭土才形成石英－云母－高岭石系高硅质瓷。《天工开物》中提到“两土和合，瓷器方成”，就是说用瓷石作为原料时，再加入高岭土。隋唐时我国北方的瓷器则是石英－长石－高岭石系瓷质。

在制瓷的漫长历史中，制作坯料的配方逐步成熟和完善，达到空前绝后的盛况。

◇烧造技术

中国古人早在东汉时期就能生产青瓷。公元 851 年，阿拉伯商人苏莱曼在《纪年史》中如此描述他在中国见到的瓷器：“中国有一种非常精细的泥土，用它制成的花瓶竟像玻璃瓶一样透明。花瓶里的水从瓶外都能看见，但它竟然是用泥土制成的。”外国人最初见到中国瓷器时怎么也想不明白，中国人竟然能用泥巴做出如此精美的器物！

● 成形

烧制陶瓷，首先要将无形的黏土塑造成造型各异的器物。原料配制好以后，就进入制陶成形环节。所谓成形，是用备好的泥料制成有一定形状的坯体，这一环节确保器物具有一定的形状，融实用性和美观性于一体。成形方法主要有手工成形和轮制两种方法。

手工成形包括手工捏塑法、模制法和泥条盘筑法。捏塑法适用于小件陶器，这种方法功效甚低。如果解决大批量的制作，则要结合模制法。

模制法是将泥料放入制作好的模子里，待半干时取出制成陶坯，这一制法主要用于一些特殊器物的局部模制或分块制，形成雏胎。雏胎还需要结合手工技术，进一步形成完整的坯胎。秦始皇陵陶塑兵马俑便是结合模制法和捏塑法创造的一大奇迹。

泥条盘筑法，是先将泥料拉成条状，再按所需器物大小将泥条一层一层盘起来，然后用拍子拍打，使之成形。这种方法在新石器时代就已经使用。

轮制是较为先进的制陶工艺。它是将原料放在转动的陶轮上，借助于快速转动的力量，用提拉的方式使之成形。轮制法适宜圆形器物的制坯，所得的器物厚薄均匀，形状规整。轮制工艺出现于大汶口文化晚期，兴盛于龙山文化时期。

● 坯体修饰

为了增加陶器的美观，还需在器物的表面进行加工修饰。传统陶器的装饰方法有表面磨光、陶衣和纹饰。

表面磨光是在陶坯未完全干燥之时，用砾石等器具在陶坯表面进行压或磨，使其表面产生光泽。

陶衣也称色衣或化妆土，用颗粒度较细的陶土加水和成泥浆，涂在陶坯的表面，烧成后，它的表面就着了一层色浆，如同一层陶衣，其颜色的不同取决于泥浆的成分。陶衣的目的是使陶器更加光洁美观，也可以加固陶坯。

陶器表面的纹饰大体方法有压印、拍印、刻印、彩绘、附加堆纹和镂孔。

● 陶瓷的焙烧及烧窑的改进

坯体经过修饰之后，需要进行焙烧，这是陶瓷工艺中最关键的一个环节。我国陶瓷史上，烧制温度有过两次突破：第一次是从陶器的平均烧制温度（920℃左右）提高到原始瓷器的烧制温度（1280℃左右）；第二次是从原始瓷器的烧制温度提高到北方白釉瓷的最高烧制温度（1380℃以上）。

烧制温度的提高和突破与烧窑结构的设计有着密切的关

系，烧窑的不断改进促进了烧制温度的提高，它们共同为我国瓷器的制作提供了必要的条件。河南新郑裴李岗文化遗址的发掘中发现一座横穴式窑，说明距今9300—7150年的裴李岗文化时期已经有了简单的烧窑，而且烧制温度有了显著提高，大概在820℃~920℃。

横穴式窑逐步向竖穴式窑（馒头窑）过渡。河南郑州铭功路发掘出一座商代中期陶窑，称为馒头式窑，其火膛移至窑室的下部，火孔面积和数目有所增大，这种大火膛、多火孔的竖穴式窑较新石器时代的横穴式窑在结构上已经有了显著的改进。

我国南方地区早在商代就在窑型上发生了革命性的变化，这种烧窑依山而建，犹如火龙自上而下，故名“龙窑”。龙窑的出现，是中国古代陶瓷史上的重大事件，是中国瓷器产生的又一个重要条件。

龙窑的特殊结构使得陶瓷的烧制温度达到更高，一方面由于龙窑有高度差，因此烟囱产生很大抽力，使得窑室内升温很快，可以达到1200℃~1300℃，这是烧制瓷器的重要保证；另一方面，也能快速降温，为烧制各种瓷釉创造条件。

◇制釉及其发展

中国古人的制陶技术在不断地发展，到汉代有了突飞猛进的改进，其中一个重要的方面就是给陶胎施釉。经过原始瓷器的过渡时期，浙江越窑青釉瓷终于在两千多年前的东汉后期烧制成功。

我们日常生活中所使用的陶瓷，表面一般都有一层光滑、润泽、五彩缤纷的玻璃质花“衣裳”，这层外衣就叫釉。釉究竟是什么东西呢？我国古人很早就发现含石英、长石等硅酸盐的混合物，后来制陶工匠将这种混合物粉末涂于陶胎表面，在高温烧制下，陶胚表面的混合物熔融，形成结晶玻璃体物质，就是所说的釉。

不论是在遥远的古代，还是现代，釉的制作仍然是一项十分复杂的技术。釉的形成过程中，表面所涂的釉料与坯胎发生了一系列反应和相互间的作用，从而引起性能、性质和颜色上的变化，其中一个重要的最为精彩的变化就是釉料中的微量金属发生的化学反应，导致器物表面更加致密、结实。不同的金属种类和含量，决定釉层呈现不同的颜色和光泽，最终形成多姿多彩的器物。

每一种釉色的形成和呈现，都凝结了古代工匠的无数实践活动和经验积累，即使在现代技术发达的今天，要想准确把握釉色，仍不是一件容易的事。制釉的关键在于火候，包括烧造的温度和烧造条件，温度决定了釉料是否熔融，釉质能否形成。而烧造条件则决定金属成分的变化情况，呈现出不同的釉色。汉代出现了铅釉陶，是指釉料中含有金属铅的化合物，主要起到助熔剂的作用，可以降低釉料的熔点。釉料中还含有铁、铜、锰、钴等金属化合物作为呈色剂。

宋代到清代，是我国陶瓷技术取得辉煌成就的时代。宋代出现了五大名窑，分别是官窑、哥窑、钧窑、汝窑和定窑，后期又兴起集各窑之大成的景德镇窑，它们都以丰富多彩的颜色釉瓷而著称于世。在烧制过程中经过复杂的物理、化学变化而形成各种釉，在化学组成、烧成气氛和温度三者的微妙作用下，形成令人赏心悦目、叹为观止的色调和质感，达到登峰造极的地步，形成了我国瓷釉空前绝后、独步天下的局面。

直到18世纪，欧洲人终于解开陶瓷的秘密，学会烧制瓷器，中国人制造瓷器的技术历经许多个世纪后才被西方人掌握。

多姿多彩的古陶器

明代科学家宋应星所说“陶成雅器，有素肌玉骨之象焉”①，指的是陶器是瓷器的诞生之源。陶器的出现，为我国陶瓷工艺发展翻开了极其重要的一页。制陶技术的出现，是人类由蒙昧时代到野蛮时代以及由野蛮时代的低级阶段向文

① 杨雄增：《天工开物新注研究》，南昌：江西科学技术出版社，1987年第1版，第145页。

明阶段发展的主要标志，是人类第一次利用天然物质，按照自己的意志和审美情趣，创造出来的一种器物。

◇新石器时期的陶器

● 彩陶

彩陶就是彩色的陶器，实际上是利用赤铁矿粉和氧化锰做颜料，可能使用一种类似于毛笔的工具，在陶坯表面绘上各种彩色图案，放入烧窑经过900℃～1050℃焙烧，呈现出黑、红、白等不同颜色的图案。

1921年深秋，一次偶然的机缘，金发碧眼的瑞典地质学家安特生[①]带领他的助手在这里发掘了大量的石器、陶器、骨器及残片，从此拉开了发掘中国仰韶文化遗址的序幕。

到2000年为止，有统计的仰韶文化遗址共有5213个，范围以华山为中心分布，东起豫东，西至甘肃、青海，北到河套内蒙古长城一线，南抵江汉，分布于陕西、甘肃、河南、山西、河北、内蒙古、湖北、青海、宁夏等9个省区。

形成于七千年前的仰韶文化是中国新石器时代文化延续时间最长的一支，彩陶是仰韶文化区别于其他文化的独有特征，因而也称为彩陶文化。

仰韶文化中的彩陶工艺达到相当完美的程度，古人全凭

---

① 安特生当时受北洋政府重金聘请，专门为中国寻找矿藏。

手工捏制各种各样的陶坯，再画上各种图案，烧成色彩缤纷的陶器。器物形状精美、规整，最具代表性的是陕西临潼县姜寨村出土的双耳尖底瓶。空瓶时，由于重心在上，只能倒置。当放在水里汲水时，立即倒置于水中，水便自行流入瓶中；水注入瓶中后，由于整体重心下移，瓶又自动立起，作为汲水的工具，使用起来相当方便。双耳尖底陶瓶设计美观，实用性强，巧妙地利用重心原理，使人不得不叹服我们的祖先在距今六千年左右时的聪明和智慧。

仰韶文化由于时间跨度大，地域分布广泛，学者又将其分为半坡类型和庙底沟类型。

半坡类型的彩陶是仰韶文化的早期类型，因 1953 年首次发现于西安市半坡村而得名，距今有七千年的历史，主要分布于甘肃东部和陕西关中地区。半坡遗址早期彩陶纹饰的特点是：装饰纹只占据陶器的一小部分，纹样主要以自然界动物为主，形象质朴可爱，有一种人与自然融为一体的感觉，展现了半坡人的原始生活景象。人面鱼纹彩陶是仰韶文化中半坡类型彩陶的代表作，陶盆上画有人面，人面两侧耳部各有一条小鱼。

庙底沟遗址 1953 年发现于河南陕县庙底沟。这一类型的仰韶文化分布区域为甘肃、青海、陕西、山西、河南等省。陶器主要以盆、钵、瓶等生活用品为主，也出现了瓮、罐。考证年代为公元前 3900 年前后，以河南陕县庙底沟和陕西华县泉护村为主。

如果说仰韶文化开创了彩陶技术的先河，那么马家窑文化则将史前彩陶艺术推向顶峰。马家窑文化遗址首先发现于甘肃省临洮县的马家窑村，故得此名。它是仰韶文化向西发展的产物，出现于距今5700年的新石器时代的晚期，主要分布于黄河上游地区及甘肃、青海境内的洮河、大夏河及湟水流域一带。马家窑彩陶继承了仰韶文化庙底沟类型的风格，但较之更为精细，技术上也有更进一步的发展。这一时期可能已经出现了专门的制陶工匠，陶器大部分以泥条盘筑法成形，器物表面打磨得光滑细腻，表面的纹饰多见黑色或红黑相间的花纹。马家窑文化可分为马家窑类型、半山类型和马厂类型。每一类型都代表一个发展时期。

中国大汶口文化、大溪文化、屈家岭文化、齐家文化等遗址中也有出土的彩陶，但数量、规模和技术水平都不及以上所述遗址。

- 黑陶

大约在仰韶文化中期，出现了慢轮修整技术[①]，这一技术继续发展，到新石器时代后期的大汶口文化中，制陶技术

① 慢轮修整技术是指将未干的陶胎放在能自由旋转的转盘上，一只手转动转盘，另一只手用木器、骨器等修整胎体。

已经有很大的发展。从大汶口文化遗址中出土的陶器有红、灰、黑、白四种陶器，晚期类型的遗址中出土的陶器壁厚仅仅1毫米左右，是中国古代早期陶器轮制工艺的经典之作，称为“蛋壳陶”。

到了新石器时代晚期，制陶技术达到巅峰。1928年我国著名的考古学家吴金鼎首次发现了山东省历城县龙山镇城子崖遗址，从遗址中发掘出薄胎且带黑色光泽的陶片。龙山文化由此而得名，它泛指中国黄河中下游地区以黑陶为主要特征的文化遗存。

龙山文化继承了大汶口文化中的技术因素，制坯普遍使用轮制技术，质量和产量都有很大提高。精美的磨光黑色陶器是以这一遗址为代表的龙山文化的主要特征，遗址中出土的黑陶薄、硬、光，尤其是蛋壳黑陶最为吸引人，它“黑如漆，亮如镜，薄如纸，硬如瓷，掂之飘忽若无，敲击铮铮有声”，所以龙山文化也称为“黑陶文化”。

黑陶是新石器陶器中的珍品，在中国古代陶器中一枝独秀。制得这种陶器的关键是在焙烧的最后一个阶段，从泥封的窑顶徐徐渗水，使炭火熄灭，并产生浓烟，烟熏渗碳，发生了铁的氧化还原反应。烧好的陶器经过打磨，使之熠熠发光。

龙山遗址中出土的标志性陶器是黑陶高柄杯，现藏于山东省博物馆，坯壁最薄处只有0.2~0.3毫米，柄部有镂雕，重量不过40克左右，是黑陶中的极品。

四千多年前的古人能制得如此精美的器物，令人惊叹，可见当时已经出现了高度熟练的专门性技术工匠。即使在今天，想要仿制如此成色的陶器仍然非常困难。

● 白陶

白陶在由陶器向瓷器的过渡过程中起了很重要的作用。白陶的原料与其他陶器不同，主要以含有三氧化二铝的瓷土和高岭土为原料，在1200℃左右的温度下烧制而成。由于含铁量较少，因而烧成后器物表里都呈白色。白陶是与黑陶并存的另一种较为少见的陶器，但其历史比黑陶短，可谓昙花一现。

◇陶俑

俑的使用一般是作为墓葬品。举世闻名的秦始皇陵兵马俑陶群，是令中国人骄傲的宏大作品，堪称“世界八大奇迹之一”。秦代的兵马俑在制作工艺上模拟实物，运用严格的写实手法展示秦军的浩大阵容。从将军、骑士、步兵、射手到战马、战车等，阵容宏大，军威张扬。秦俑的衣着、脸型、胖瘦、眉目、表情、年龄各不相同，非常逼真。俑坑中最多的武士俑，平均身高1.80米左右，最高的有1.90米以上，陶马身高1.72米，长2.03米，战车与实用车的大小差不多一样。

由于是大批量的大型器物的制作，兵马俑陶塑的成形采用模、塑相结合的技法，先分块制作器物，并黏合成雏胎；再在雏胎的表面继续以塑、捏、堆、贴、刻、画等手工技术加工。

秦始皇陵兵马俑最初都是彩绘，其颜色不下十几种，均为天然矿物颜料。如此丰富的矿物颜料，说明当时的劳动人民已经熟练掌握并广泛应用它们。

汉代的陶俑则在写实的基础上更多地追求刻画神韵。四川成都天回山出土的东汉击鼓说唱俑，巧妙地刻画出一位正在说唱艺人的幽默、可爱形象，表情生动、传神，看后极易产生共鸣。

◇唐三彩釉陶

唐三彩是多色釉陶俑的总称，主要分布在长安和洛阳两地。由于釉料中含有不同的金属化合物，在焙烧过程中，色釉发生了各种化学变化，不同的色釉相互浇融、浸润，形成淋漓斑驳的多种色彩，其中以黄、白、绿为基本釉色，所以称为唐三彩。

唐三彩的制作为中国古代制陶技术翻开了新的一页，是中国古代陶器中的奇葩，它的出现证明古代工匠将制陶技艺推向了新的高峰。一方面，唐三彩保持了秦汉以来的写实主义传统，另一方面又创造性地运用低温铅釉色彩的绚丽、斑斓，真实反映了唐王朝时期政治、经济、文化和生活状况。

釉陶的胎质松脆，防水性能也差，实用性不及瓷器，所以唐三彩主要用于墓葬。作为冥器，其造型丰富，主要有动物、人物和生活用具。马在唐朝受到重视，是当时人们生活中不可或缺的部分，所以唐三彩中最常见的题材是马。

◇紫砂陶

作为陶器中一种特别的类型，紫砂陶以精湛的工艺和深邃的文化品位，古往今来一直受到人们的特殊青睐。

紫砂陶的原料是独有的，是深藏于岩石层下面的天然黏土，有紫泥、红泥和绿泥等，其中紫泥最为常见，只有浙江宜兴才有。

这种陶器之所以称为紫砂，有两个原因：第一，制成的器物尽管有黄、红、棕、绿，但表面皆含着若有若无的紫光，这种紫光并非施釉，而是天然产生质朴雅致的质感，所以为“紫”。第二，尽管器物表面光滑、细腻，但有一种特殊的砂粒感，所以又谓“砂”。

紫砂陶器非一般的陶，原因还在于陶壁上有特殊的气孔。这种气孔不但起到透气的作用，还有“纳”和“吐”的功能。泡茶时，将茶味贮留下来。当壶遇热时，气孔又张开，将内贮之物吐出来。所以用它来泡茶最合适不过，而且使用

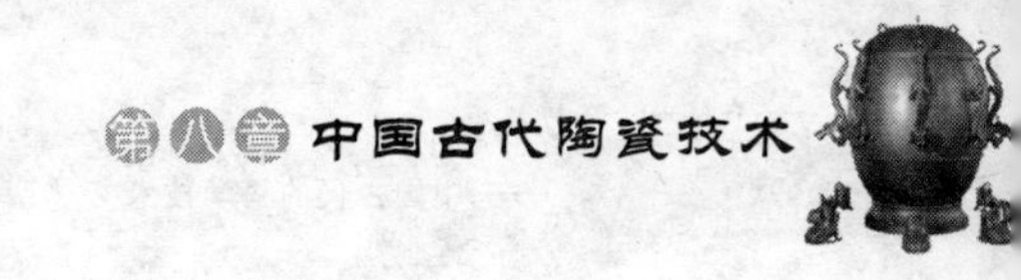

越久，效果越好。

紫砂陶的创制时间大概在宋代，其制作技艺以茗壶为代表，以艺术造型取胜，泥色多种多样，器型千变万化，圆非一相，方非一式。

瓷釉名品荟萃

以越窑为代表的南方青釉瓷的烧制成功标志着中国陶瓷工艺发展中的又一个重大飞跃，它的出现使中国成为发明瓷器的国家。从此，世界上有了瓷器。瓷器是中国的伟大发明，瓷器英文名称“China”，既是中国之名，又是瓷器之称。

我国古代陶瓷发展首先从无釉到有釉。作为一种器皿，瓷器主要的特征是表面带有一层玻璃釉。瓷釉又从单色釉到多色釉，再由釉下彩到釉上彩，并逐步发展釉上彩与釉下彩结合的五彩、斗彩，种类相当多，各个时期都有主流产品。

◇青釉

青釉是中国古代最早出现的颜色釉，也是使用历史最久，分布地域最广的一个釉种。说它是青釉，其实颜色并非是纯的青色，而是兼有青、黄、绿等几种颜色。青釉的产生主要是因为其中含有铁，烧制过程中，铁发生了复杂的化学变化，先发生氧化作用形成黄色混合物，继续烧制，经过还原反应就得到青色釉质。

东汉晚期我国南方越窑最早烧制青瓷。青釉包括豆青、东青、粉青等，釉中含铁量越高，颜色越深。

宋代时青釉瓷的制作达到鼎盛。现藏于陕西历史博物馆的青釉倒灌壶，注水时要将壶倒置，水从母狮口外流时表示水已盛满，将壶放正后，滴水不漏。这件提梁倒灌壶造型新颖别致，纹饰繁缛华丽，实属宋代少有的艺术珍品。

青釉中以首创于南宋名窑龙泉窑的粉青为最佳，釉色带有莹润玉石感，工艺精致，质量精美，后来其他各窑竞相仿制。

◇白釉

一般瓷土和釉料中都含有微量的铁元素，因而烧成后的颜色总是呈现不同程度的青色。如果原料中的铁元素含量低于0.7%，则可烧成莹润如玉的白釉。白釉实际上是在白色瓷胎上形成的无色透明釉。白釉瓷的出现打破了青釉瓷一统天下的格局，形成陶瓷历史上“南青北白”两大体系。

白釉瓷萌发于北朝。隋唐时期，白釉瓷器的制作日趋成熟，尤其是唐代邢窑所出的“盈”字款白瓷，名满天下，胎白釉净,类银似雪。杜甫在《又于韦处乞大邑瓷碗》中如此咏赞白瓷：“大邑烧瓷轻且坚，叩如哀玉锦城传。君家白碗胜霜雪，急送茅斋也可怜。”以我国北方邢窑为代表的白釉瓷的烧制成功，是我国陶瓷发展史上的一个里程碑，标志着古代陶瓷工艺又迈向了一个新的高度。

随着时代的发展，北方白釉瓷衰落湮没，逐渐停烧，被誉为“中国瓷都”的景德镇窑和福建的德化窑均以烧白釉瓷为主，所烧的白釉瓷素以胎釉洁白、制作精细、风格独特而驰名于世，享有“象牙白”、“猪油白”和“中国白”等美喻。

◇黑釉

黑釉主要的呈色剂为氧化铁及少量或极少量的锰、钴、铬等金属氧化物。

黑釉瓷有一般的黑釉瓷和花色黑釉瓷两种。东晋到南朝初期的浙江德清窑和唐代耀州窑所出为一般黑釉瓷，色黑如漆，釉光闪闪，仿若漆器。

宋代是我国陶瓷发展史上的黄金时代，由于当时斗茶之风盛行，所以除了烧制官、哥、汝、定、钧等名瓷外，许多窑场都生产斗茶用的黑釉瓷茶碗。在此基础上，生产出兔毫盏、鹧鸪斑盏和毫变盏以及油滴、玳瑁等品种，使黑釉茶碗的艺术水平达到一个高峰。这些黑釉瓷品种展露其质感之美，有观赏不尽的韵味，使鉴赏家为之倾倒。

◇青花

青花是白地青花瓷的简称，它以氧化钴作为呈色剂，属于釉下彩。制作时，首先将钴料研磨成细粉，加水调和成黑色的颜料，在陶坯上绘成图案纹饰。然后再在上面罩上一层长石透明釉，氧化钴经过高温烧造呈蓝色。在烧制过程中，对火焰性质的掌握至关重要，前后有所变化，才能烧出精美的青花。

中国青花瓷的制作和生产经历了千年历史，技术和艺术创新都取得了显著成绩，被誉为最能代表中国古代陶瓷工艺的瓷器。

◇红釉

红釉是以铜的氧化物为着色剂，经过还原火焰烧制而成。传统配制铜红釉所使用的着色剂原料，是紫铜煅烧后形成的氧化层粉碎磨细后的粉末。颜色纯正的红釉烧造相当不易，有时数百上千件物品都难以保证有几件正品。

早在唐代曾烧制过铜红釉，但由于铜的氧化物不稳定，在釉中容易扩散或少量溶解，且在高温下容易挥发，所以烧制铜红釉的技术相当难掌握，所以早期的铜红釉瓷极为少见。

铜红釉在明代永乐时期有了巨大发展，创造出了鲜红的红釉——“永乐鲜红”，也称为“宝石红”，其色泽纯正鲜艳，晶莹透亮，常常装饰有云龙纹暗花，成为极为珍贵的名品。

康熙时期的铜红釉名品为郎窑红，色泽鲜艳，有初凝血红的呈色，人们常称之为“牛血红”、“鸡血红”等。

◇蓝釉

蓝釉是以氧化钴作呈色剂的釉色品种。以氧化钴作呈色剂在唐代的三彩陶器中已有，但属含铅低温色釉。元代景德镇窑首创高温蓝釉瓷，明代以后，蓝釉作为上品，釉色均匀一致。宣德时期烧制的宝石蓝釉器，是中国古代蓝釉中最为名贵的一种。到清康熙年间，还出现洒蓝釉、天蓝釉等多种蓝釉。

中国古代纺织技术

中国是丝绸的故乡，中华民族不仅是世界上最早利用蚕丝的国家，而且在相当长一段时期内，也是唯一利用蚕丝的国家，我们的先民最早发明了养蚕、缫丝、织锦和刺绣。

纺织品用于衣着，是人类摆脱赤身裸体，进入文明社会的重要标志。中华先民以织、染、绣构建了七千余年的服饰文明史。

西周初期，周公摄政，设置了较为完善的国家机关管理行政事务，称为“六官”，即天官、地官、春官、夏官、秋官和冬官。六官下面设有与纺织手工业相关的组织管理部门，包括纺织印染原料的征集、收藏、加工和衣冠服饰的管理。可见西周时期我国的丝绸纺织和印染生产技术已经出现严格分工，有发达的生产技术活动，才会出现制度的完善。

中国是丝绸的故乡，中华民族不仅是世界上最早利用蚕丝的国家，而且在相当长一段时期内，也是唯一利用蚕丝的国家，我们的先民最早发明了养蚕、缫丝、织锦和刺绣。

古代纺织技术

◇伯余初作衣

中国先民是从“不织不衣”、“而衣皮苇”，然后发展演变到“妇织而衣”。西汉时期刘安编撰的《淮南鸿烈·汜论训》中记载，“伯余之初作衣也”。伯余是什么人呢？主要记录黄帝以来至春秋时期列国诸侯大夫档案资料的《世本》中说，伯余是黄帝的别称。那么，黄帝时期的华夏先民最初是如何作衣的呢？刘安又说：“緂麻索缕，手经指挂，其成犹网罗。后世为之机杼胜复，以便其用，而民得以揜形御寒。”意思是说，人们从葛、麻等植物上剥下来纤维，用手搓捻成绳线，把线一根根排好作为经线，再用纬线穿过经线，交叉编织成像渔网一样的布。后来，人们依照这一做法发明生产效率高的织布机，逐步从手经指挂的人工操作中解放出来，织出更好的布帛，用以缝衣，天下百姓用来遮身、护体、御寒。

我国东汉末年有一部专门探求事物名称来源的著作——《释名》。《释名》中说：“布列众缕为经，以纬横成之也。”这同样说的是原始的手经指挂织布技法，它是由许多纵向的经线和横向的纬线相互交织而成的。

其实，远在黄帝以前，我国就已经有了原始的纺织技术，浙江余姚河姆渡新石器遗址出土的管状骨针等各种简单的工具，以及目前知道的最早的像席子一样的编织实物芦苇残片，说明六七千年前的华夏祖先已经创造了原始的纺织技术。

《吕氏春秋》中记载，在我们的祖先已形成着装习惯的近千年之后，海外仍有“裸人国”，这些国家的人们赤身裸体，根本不懂得要穿衣服。《晋书》中记载，三国时期的扶南国（今天的柬埔寨）仍有人“倮[①]身跣行”，我国的使臣康泰看见人们赤身裸体，光脚行走，便加以劝说。扶南国王下令人们用丝绸做成筒裙，从此改变裸体的习俗。

◇纺车

先纺线，后织布。古人最初的编织工艺完全靠手工操作，在此基础上不断改进，创造了先进的纺织机械工具，完全改变了手经指挂的情形。1956 年江苏铜山洪楼出土的汉代画像石上刻着人们纺丝、织绸和调丝操作的活动场景，说明了我国古人早在汉代就已经普遍使用纺织机械工具，其中不但有纺纱的纺车，也有较为先进的织布工具——斜织机。

● 纺锤

要先把麻、丝、毛、棉等纤维材料纺成纱线，才能继续

---

① 倮同裸，指不穿衣服。

加工成纺织品。古人最初纺线时是先用手搓捻，同时不断续接葛、麻的纤维，这种手法很慢，也很费力，但却是个良好的开端。基于这一手法，古人发明了最早的加捻工具——纺锤。纺锤的出现至少可追溯到新石器时代，遍及我国三十几个省市已发掘的早期生活遗址中，几乎都有纺轮出现。有用兽骨制成，也有石质、骨质、陶质和玉质的，形状各式各样，有圆形、球形、锥形、台形、蘑菇形、四边形和齿轮形等，有的轮面上还绘有纹饰。纺轮中间有一个孔，可插一根杆，叫“专杆”。

纺锤的工作原理主要是转动拈杆。纺纱时，先把要纺的麻或其他纤维捻一段缠绕在专杆上，然后垂下，一手提纱线，另一只手转动纺轮，纺锤垂在空中连续转动，靠重力和不断旋转将纤维拈紧，同时不断牵扯、添加、续接纤维，使纤维牵伸和加捻。续到一定长度时，把纺好的纱线缠绕到纺轮上，然后重复前面的动作，直到纺轮上绕满纱线为止。

用纺锤捻线是一种很原始的手工劳动，我国劳动人民一直沿用了几千年。直到20世纪六七十年代，我国农村有些家庭仍使用纺锤，但制作上比新石器时代更合理。

● 纺车

用纺锤纺线费时又费力，而且纺出来的纱线粗细不均匀。根据相似的工作原理，人们设计制造出单锭手摇纺车。这种纺车有锭、绳轮和手柄三个主要组件。纺车的使用，提高了纺纱的效率和质量，人们也可以根据织物的不同和要求，纺制粗细不同的纱线。

纺车从什么时候开始使用，很难定论。我国汉代出土的各种石刻文物中多次出现，说明手摇纺车在汉代已非常普及，古人早在两千年前就懂得使用绳轮传动的机械装置。

为了进一步提高工作效率，人们在纺车上增加锭子的个数，并用脚踏代替手摇，解放出一只手，使得生产效率大大提高。

● 水力大纺车

唐宋时期，我国出现了带有几十个锭子的纺车，称为“大纺车”。关于大纺车的发明与制作，并没有明确的记载。《王桢农书》收录了大纺车的形制，并记载民间使用水力大纺车的状况，“中原麻苎之乡，凡临流处多置之”。凡在有水流的地方就设有纺车，说明水力纺车在此之前已经大量使用。

水力纺车是一种十分完备的机器，主要由发动机、传动装置和工作机三部分组成。发动机为水轮，传动装置由两部分组成，一是传动锭子，一是传动纱框，用来完成加捻和卷绕纱条的工作。工作机与发动机之间的传动装置，则由导轮与皮弦等组成。工作机即加捻卷绕的部分，由车架、锭子、导纱棒和纱框等构成。

将自然力运用于纺织机械是一项重要的发明创造，中国古人的这一发明达到了欧洲 18 世纪工业革命所具备的技艺水平。英国人瑞查德·阿克莱于 1769 年制作了水利纺机，创建了欧洲首个纺纱工厂。单就纺车利用水力作原动力而言，中国也比西方早 4 个多世纪。

◇织机

纱线准备好，就可以织布了。先民初作衣时所运用的手经指挂编织技法，速度太慢，而且织出来的布密度不够均匀。经过长期的摸索与实践，腰机诞生了。

● 腰机

云南晋宁石寨山遗址中出土了距今有两千多年历史的纺织贮贝器①，盖上铸造有一组人物，展示的是女奴隶踞坐于地上正在进行纺织，生动再现了人们使用腰机织布的场景。另外，我国考古学家在浙江河姆渡遗址、良渚文化遗址、江西贵溪春秋战国墓群中也发掘出腰机零部件，它们是打纬刀、分经棍、综杆等。

腰机的前后两根横木，相当于现代织布机上的卷布轴和经轴。织造时，人们席地而坐，依靠两脚的位置及腰部的力

---

① 贮贝器是两千多年前的云南滇国特有的青铜器，主要用来放当时的货币——贝壳。贮贝器的盖上装饰有立体雕像，有人物，也有动物。

量使经线保持一定张力，因而也有人称它为“踞织机”。织造过程中，用分经棍将经纱按奇、偶数分成两层，用提综杆提起经纱，可形成自然的织口，以骨针或梭子上面绕有纬线，当纬线穿过织口后，还要用木制的打纬刀打纬。上下层经线位置不断对调，不断形成新的织口，然后继续穿纬线、打纬，最后织成整块布。

古人最初使用的腰机虽然简单，但已经有了上下开启织口、引纬线和前后打紧三个主要的操作，是现代织机的始祖。

我国劳动人民在织布的生产活动中，不断革新织布机，出现了后来的斜织机。斜织机的形制在现存的汉代画像石上多次出现。这种斜织机有一个支架，解放了人的腰部。布面和整个机座成五六十度的倾斜角，所以称为斜织机。这种织机还有用脚踏的提综，形成织口的装置。人们可以坐着织布，非常省力。脚踏提综使得手脚并用，工作效率远远高于腰机，是当时世界上最先进的织布机。

● 提花机

用腰机和斜织机等普遍织机织出的布料大都是平纹织物，处处都一样，显得非常单调。古人想办法设计出复杂的织机，可以在织品上织出各种花纹或图案，使面料看起来更加漂亮、华丽。这种复杂的织机是提花机。

类似于妇女手工编织毛衣，为了使织物更好看，古人常用挑花杆在其上挑织图案。聪明的古人设计发明了多综多蹑式提花机和花本式提花机。《西京杂记》记载：巨鹿人陈宝光妻善织散花绫，她的织机上有120个蹑。我们很难想象，能在如此多综蹑的织造机上织布，是何等的心灵手巧！三国时期，能工巧匠马均改60综蹑为12综蹑，采用束综提花的方法，既方便了操作又提高了效率。

提花机最初使用于什么年代，难以考证。河南安阳殷墟墓葬铜器上保留有提花丝织物的痕迹，证明提花机在殷商时期就已经使用。

汉代，人们已经用提花机织造出有各种复杂图案的织锦了，如鸟类和兽类动物图案。1995年，中日联合考古工作队在位于塔克拉玛干沙漠西南部的尼雅遗址中发现一处王室墓地，身穿艳丽华贵锦袍的国王手臂上绑有一小块织锦，引起了社会各界的广泛关注。这块织锦用白、红、黄、绿四色织成，图案为变形云纹及星纹、孔雀、仙鹤、辟邪、虎等瑞兽纹样，各种花纹间还织有篆书“五星出东方利中国”字样，色彩鲜艳，图案奇特。这种织锦是由提花机织造，属于典型的汉代织锦。尼雅遗址是《汉书·西域传》中记载的精绝国故址，是我国古代丝绸之路必经之地。

东汉时期的花本式提花机代表我国古代织造技术的最高成就。用这种机器织布时，需要上下两人配合。一人为挽花工，坐在三尺高的花楼上挽花、提综，提拉不同位置的经纱，因而提花机又称花楼；下面是织花工，左右穿梭编织纬纱，并推拉打纬用的筘，将纬线打紧。花楼上的两位织女相互呼应，动作合拍，不得有丝毫差错，才能织造出结构复杂的漂亮花纹，用丝丝入扣来形容这种复杂的织布工作是最恰当不过的。

唐朝以后，经过几代的改进提高，提花机已经逐渐完整和定型。宋代民间的纺织生产空前发达，北宋著名文学家晁补之[①]在《七述》中形象地描述当时杭州街坊丝绸生产盛况："竹窗轧轧，寒丝手拔，春风一夜，百花尽发……"，宛如一夜春风，人们在一晚上便织出姹紫嫣红、百花盛开的锦帛。南宋的楼俦深感农夫、蚕妇之辛苦，曾绘制《耕织图诗》45幅，耕图21幅，织图24幅。其中一幅织图上绘有一部大型提花机，这部提花机有双经轴和十片综，高处坐着挽花工。明代的提花机已极其完善，《天工开物》中有详细的记载。中国历史博物馆中陈列有花楼式提花机的复制模型。

在古代，世界各国均有织机的发明，但唯独中国的织机最完善、最先进，这也是我国在漫长岁月中始终保持着丝绸大国地位的重要因素之一。

---

① 晁补之为"苏门四学士"之一，他的诗以古乐府见长，《七述》主要描绘钱塘的秀丽风物，受到苏轼的格外赞赏。

古代印染技术

织好的布料仍是半成品，需要经过染色、印花等加工之后，才可以做成好看的衣裳或其他的物品。

古代人和现代人一样，也懂得时尚，追求美好生活。晋代陶潜的《搜神后记》中讲，一位年轻的妇女身上穿着印有鹿胎纹的青色衣裙走在路上，远远望着，就像梅花鹿一样美丽妖娆。

1972 年长沙马王堆一号汉墓出土的大批彩绘印花丝织品，成为我国纺织技术的伟大见证。其中有一幅用植物染料和矿物颜料涂绘而成的“T”形帛画，实属罕见之作。整个帛画用艳丽的色彩勾画出天上、人间、地下三个境界，画面形象生动，极富浪漫主义色彩，代表古代染色和绘画工艺的最高水平。

◇ 印染原料

作为染料，必须能让一定颜色附着在纤维上，且不易脱落、变色。古人使用的染料是天然材料，取自大自然，包括植物染料和矿物质颜料两种。印染原料的制作体现了古代劳动人民的聪明与智慧，因为它是我国劳动人民在熟知了物质的化学性质之后，进行有效利用的另一条途径。

商周时期，宫廷手工作坊中设有专职管理染色生产的官吏，“染人掌染丝帛”，染出的颜色也不断增加。到汉代，染色技术达到相当高的水平。

● 植物染料

利用植物染料着色，是古代染色工艺的主要方法。由于植物染料自身具备特定的颜色，染料的色素分子本身又具有吸附作用，所以和纤维结合时，改变了纤维的颜色，且经久稳定，色泽不易脱落。古人使用的植物染料种类繁多，比如栀子、紫草、红花、橡树和槐树的叶子等。要想将各种植物染料变成五颜六色的艳丽色彩，植物染料的采集、制备及染色方法也很有讲究，工艺复杂。

（1）蓝草

古人使用最多的植物染料是蓝草。蓝草是指可以制造靛蓝染料，用于染布的多种植物的统称。它们的茎叶中含有靛甙，靛甙经过水解发酵，在空气中发生氧化反应后成为能够染色的靛蓝。

古人使用蓝草的历史可从两千多年前的周代说起。春秋时期，人们已经开始用蓝草染色，《诗经》和《礼记》中就有关于蓝草的记载。《诗经》中有“终朝采蓝，不盈一襜”的诗句，意思是说，勤劳的妇女从早到晚去采蓝草，但采来的蓝草却装不满裳裙。根据《礼记》的记载，战国至两汉时期，人们不到收割蓝草的季节，不能随意采撷。

制造和使用靛蓝染料的技术和工艺何时由谁发明，古人并没有留下确凿的记载。从秦汉时期我国大规模种植蓝草，可以肯定古人在这一时期已经熟练掌握这项技术。北魏时期贾思勰的《齐民要术》中详细记载了制造靛蓝的方法：将采集来的蓝草浸渍于水中，然后将浸液过滤于瓮中，按1.5%的比例往滤液中加石灰，同时急速搅动滤液，使溶液中的靛甙与空气中氧气充分反应，产生沉淀后，泻去水，沉积物贮于坑中，等水分蒸发后成为粥状时，就成为靛蓝染料。

用靛蓝染色时，先将靛蓝放入酸性溶液当中，加入适量酒糟，待发酵一段时间后，即成染液。将织物投入染液中浸染，染后取出，经过日晒，便成为蓝色。染色原理主要是酒糟发酵过程中产生的气体将靛蓝还原为靛白，靛白溶解于酸性溶液中，容易附着于纤维上。浸染后的织物出缸后与空气接触一段时间后，附着于织物上的靛白发生氧化作用，又恢复为靛蓝，呈现鲜明的蓝色。古人凭借经验而获得的复杂的制靛技术和染色工艺具有科学性，与现代人工合成靛蓝染色原理完全相同。

（2）茜草

茜草是多年生攀缘草本植物，也是我国古人长期使用的植物染料之一。我国长沙马王堆汉墓中出土的“长寿绣袍”和“深红绢”的红色都是用茜素多次浸染而成。

茜草春秋两季都能采集，但秋季的质量尤为好。按《诗经》中的描写，它最初是野生植物，西汉以后，开始大面积人工种植。司马迁在《史记》中提到，新兴大地主种植“十亩卮茜”的收益可与“千户侯等”。茜草所含色素的主要成分为茜素和茜紫素。采集后晾干储藏，用于染色时切成碎片，再用热水煮。

使用茜草中的茜素直接染制织物，只能染成浅黄色，这是茜草的本色。如果加入媒染剂明矾，则可以染成赤、绛等多种红色系。这是因为明矾溶于水中形成的氢氧化铝，与茜素色泽鲜艳、附着性极强的红色沉淀。所以茜草属于媒染染料。

（3）红花

红花又名红蓝花，草本植物，夏天时开红黄色小花，逐渐变成红色，是唯一使用花瓣的天然染料。红花原产于西北地区，西汉时开始在内地种植。

用茜草染色时需要复杂的媒染工序，而红花则可以直接给纤维上染色，而且所染颜色为“真红”或“猩红”，唐代李中有诗句“红花颜色掩千花，任是猩猩血未加”，形象地概括出红花不同凡响的艳丽效果。在红色染料中红花占有极为重要的地位。

现代科学分析，红花中含有黄色和红色两种色素，这两种色素都溶于碱性溶液，但两者不同的特性在于：黄色素溶于水和酸性溶液，红色素却在中性或弱酸性溶液中可产生沉淀，形成鲜红的色淀，容易附着于织物纤维上，获得具有牢固度较高的红色衣物。红花中只有红色素具有染色价值。

古人充分利用红花中红色素和黄色素的不同特性，泡制红色染料。过程如下：将带露水的红花摘回后，经捣烂成浆且略微发酵后，加清水浸渍。在弱酸性条件下，黄色素溶解，用布袋绞去黄汁（即黄色素），这样一来，残花中剩下的大部分已为红色素了。放入草木灰中浸泡一段时间之后，再用发酸的粟米水或淘米水等酸性液体冲洗，进一步除去残留的黄色素。草木灰本是碱性溶液，两种色素都溶解之后，再用酸汁冲洗时，红色素就成为色淀。这种提取红花色素的方法，古人称之为“杀花法”。此方法在隋唐时期就已传到日本等国。古人为了使衣料色彩更加鲜明，最后还再加一道工序：用乌梅酸性水进一步处理，相当于固色。

尤其值得称道的是，古人不仅用红花中的红色素染色，还能从染过的织物上回收红色素染料，进行二次使用，达到“半滴不耗”的水平。《天工开物》中记载，用红花染过的织物，若欲去掉所染颜色，回收染料，只要浸湿织物，再用碱水、草木灰水数滴，红色素即从织物上脱去，织物变回为原来本色。再用绿豆粉作红色素的吸附剂，储存红色素。可见当时的染匠不仅了解红花的特性，而且用红花染色的技术也相当娴熟。

我国的植物染料资源丰富，古人使用的植物染料品种繁多，还包括苏木、栀子、槐花、郁金等。生产的染料除满足自己的需求之外，明清时期还大量销往国外。

● *矿物颜料*

古人在织物和服装上着色的历史，最先是从使用矿物颜料开始的，最早可以追溯至新石器时期。祖先很早就对颜料有所认识，他们懂得用赤铁矿粉末将麻布染成红色。考古学家在陕西宝鸡北首岭的新石器遗址中发掘出紫色和红色颜料。

矿物颜料与植物染料有根本的区别。用矿物质着色需要借助于黏合剂的作用，使矿物质附于织物表面，染色效果也无法与植物染料相比，用矿物颜料染色后，一经水洗，容易脱落。由于矿物颜料的这种特殊性，最终发展成为以彩绘为主要形式的织物着色方式，所以称其为“颜料”，而非染料。

古人使用的着色矿物质主要有赤铁矿、朱砂、胡粉、白云母、金银粉箔等。此处不做过多介绍，简单谈几种重要的矿物颜料。

(1) 赤铁矿

赤铁矿又名赭石，是我国应用最早的红色矿物颜料，主要成分是呈暗红色的三氧化二铁，自然界中分布较为广泛。考古学家从我国新石器晚期遗址中发现赭石颜料。这种颜料的色泽稍逊于其他红色染料，所以到春秋战国时期逐渐被淘汰，只用于监狱犯人囚衣的染色处理，所以在古文献中称犯人为“赭衣”。

（2）朱砂

朱砂又称“丹砂”，主要成分为呈红色的硫化汞，是古代红色颜料的主要来源。我国在秦汉之际，这种红色颜料的使用应该非常广泛。

用朱砂颜料染出的衣物色泽非常纯正、鲜艳，所以深受人们欢迎，成为重要的红色颜料，甚至有些贵重物品也用它来涂绘。马王堆出土的丝织品中，有不少花纹就是用朱砂绘制而成。这些物品在地下埋藏时间长达两千多年，色泽依然鲜亮无比，可见古人在西汉时期制作和使用朱砂的技术水平是相当高超的。

（3）胡粉

胡粉又称粉锡，主要成分为碱性碳酸铅，是古代织物彩绘和妇女化妆品中的白色颜料。唐代的一些文献和著作中多处提到用铅和醋制作胡粉的记载。福建福州出土的宋墓中发现有彩绘上衣，经鉴定，衣服上有大量胡粉的痕迹。《天工开物》中如此记载胡粉的生产工艺：每百斤铅片，密封条件下，小火用醋连续熏蒸七天七夜后，铅片表面就会生成粉霜状的铅花，敲落表面的铅花，收集于缸中，按比例加入豆粉和蛤粉在清水中浸泡，澄去清水后阴干即成胡粉。古人制作胡粉的基本原则是使铅片与醋的蒸气相作用而生成醋酸铅，再让它和空气中的碳酸气体充分反应，就转化为胡粉。

（4）白云母

白云母也叫绢云母，是以白色硅酸钾铝为主的白色矿物质。将白云母矿物质研磨成极细的粉末，由于其有良好的附着性和渗透性，可做白色矿物颜料。

马王堆一号汉墓中出土的数十件保存完好的衣物中，印花敷彩纱袍上光泽晶莹的白色花纹是由白云母颜料绘制而成的。这件印花敷彩纱在地下埋藏了两千多年，至今颜色仍然纯正、鲜艳，可见当年高超的印染水平和服饰的华美，充分证明我国古代劳动人民在印染技术方面惊人的创造力。

◇ 印染工艺

织物印染，成为人类美化生活所必须，起源甚早。现代印染技术中，要使纺织品上有各种图案，可以采用先染后织的方法，先将纱线着色，然后再进行织造。但古代无法做到这一点，都是先织后染。

• 手工画绘

为了造出美观大方的服饰效果，古人最初采用手绘的方法，用颜料在织物上画绘特殊的图案纹饰。手绘也称“画缋”，即在织物或服装上用调匀的颜料或染液描绘图案。

画绘技术很早就应用于丝织品上。周代伊始，衣服的色彩、形制、图纹就成为当时礼制的内容之一。《尚书》中记载当时帝王服饰上衣绘有日月星辰等“十二章”花纹图案，这些图案各有象征意义，且分有等级层次，其中日、月最为尊贵。

英国人斯坦因从敦煌盗走大量文物，其中有一件精美的平纹画绢，属于晚唐至五代时期的制品。方形的彩绘画绢中间是一只正面而立的鸟，鸟头已经残缺，左边另一只鸟正向其飞去，此鸟位置上方有一尾羽，右侧可见一鸟喙，应该分别属于两只不同的鸟的局部，在飞鸟的左侧则是三角形花卉纹样。所有的图案均以墨线勾勒边缘，红、黄两色彩绘。

手工涂绘的技法很快被印花技术取代，但因其特殊的风格深受人们喜爱，所以历代仍有生产。直至清代，手绘制物还出口到欧洲，成为欧洲最为流行的时尚物。

● 雕版印花

雕版印花是指在平整光洁的木板上雕刻事先已经设计好的图案花纹，印制纺织物时，先在雕版上涂刷色浆，压印于织物上，纺织品上便印有雕刻纹样。可以确定，我国古代雕版印刷术的前身就是雕版印花，它与印章如出一辙，都属于凸纹雕版。

西汉时期，雕版印花技术具有很高的水平，马王堆汉墓中出土的印花敷彩纱袍和金银色火焰印花纱格外引人注目，是雕版印花技术的代表。

印花敷彩纱的纹样由变体藤蔓、蓓蕾、花穗、叶芽穿插组合，色彩有朱红、粉白、蓝黑、深蓝灰、浅蓝灰5种，是通过雕版套色印花和手工彩绘相结合印制而成。纹样的藤蔓线条是用木刻（或铜铸的）凸纹花版压印，花版刻有4个花位的藤蔓线条。压印好藤蔓之后，再用毛笔醮色逐笔进行手工描绘。彩绘的工序大概至少还需要6道，分别用朱砂、铅白、绢云母和炭黑等做颜料，整个画面藤蔓底纹清晰明快，线条流畅光滑，很少有间断或瑕疵，立体感非常强，充分显示凸版印花的良好效果。

金银色火焰印花纱采用三套色雕版印花工艺，是迄今所见最早的三版套印丝织品。制作时需要三块雕版，如同盖图章一样在织物上印出花纹。三块凸纹雕版分别是曲线组成的火焰纹、曲线组成的薰炉纹和金色的小圆点的纹，用颜料印染。整个花纹单位的外形为菱形，纹样线条细密，雅致秀丽。曲线颜色为银灰色和银白色，小圆点为金色或朱红色。印制出来的图案色泽深沉，细腻而淳厚，能将方孔纱的孔眼填没。尽管采用手工套印，操作过程非常复杂，但很难见到印纹不匀和重叠的现象，可见西汉时期的印花技术相当成熟。

雕版印花适合于各种纤维织物，是历代服饰的主要印染方法。这一技术在南北朝时传入日本，14 世纪传入意大利，直到 18 世纪才被整个欧洲普遍使用。

● 夹缬

地处浙闽交界的苍南地区，男女婚嫁时有一样必备之物为“方夹被”或“百子被”，这种有着特殊意义的被子寓意夫妻恩爱、白头偕老、多子多福，反映了人们对美好未来的憧憬和心愿。借助于婚俗的沿袭，堪称我国印染技术之母和中国传统印染工艺活化石的夹缬工艺得以代代传承，留传至今，称之为“苍南蓝夹缬”。苍南蓝夹缬以单一的靛蓝染色，纹样定格于一个方形对称图案之中，蓝底白花，独立成章，色彩对比强烈但调和，粗犷而大气，简洁而明快，富有韵味。

苍南山区的百姓尽管熟知这种制作工艺，但对“夹缬”这个称呼却是陌生的。古代称部分镂空版印花或防染印花织物为“缬”，夹缬就是镂空版印花。夹缬印染时将布帛对折，夹于两块图案完全相同的花版中间，紧固后在镂空处涂刷色浆。色浆干后便可取掉镂空版，布帛上留下完全对称的花纹。

古人制作夹缬始于秦汉时期，唐代达到技术上的鼎盛。考古学家所见最早的夹缬属于唐代遗存的。在那个时代，夹缬相当珍贵，只有王公贵族才有资格穿着使用。《唐语林》中提到唐玄宗的妃嫔柳婕妤，以及与她相关的制作夹缬的记载："当时甚秘，后渐出，遍于天下。"可见夹缬在唐代还未遍及，只有皇宫贵族才可使用。

异常复杂的制作过程中，雕花版是该工艺的主要工具，雕刻技术要求也很高。为了便于均匀涂刷色浆，印制后无明显的接版痕迹，版体宜薄，雕刻平面、棱角要整齐光滑，不能产生任何阻碍。

古代能工巧匠不但能制作复杂的镂空雕版，而且能用多重色彩印染。唐代的夹缬主要有红、蓝、黄、绿四重色，色彩艳丽、花纹精美，惹人喜爱，赢得人们的颂咏，从唐诗"今朝纵目玩芳菲，夹缬笼裙绣地衣"可见一斑。

日本正仓院收藏有唐代皇帝赠送给日本皇室的礼品——"绀地花树双鸟纹夹缬"，褥面由大幅的四方连续图案构成，单位纹样相当复杂，有红、黄、蓝、绿等色，纹样以花树鸳鸯组成大团花，花树下两只鸳鸯展翅对舞。团花外下有花边作沿，上有四只飞雁。

宋代以后，夹缬织品在民间流传，工艺技术得到进一步的发展，增加了印金、描金和贴金等工艺。山西应县木塔地宫中出土三件丝质的"南无释迦牟尼夹缬"，是辽代的作品。此幅图制作工艺更为复杂，应当是先红色后蓝色两次印成，用黄色为刷染，而五官、衣领等细节处是用笔手工勾画而成。

夹缬技术后来传至日本，十三四世纪时又传入欧洲各国。

● 绞缬

绞缬也叫扎染，是古代民间常用的印染方法，也称“撮花”。《资治通鉴备注》中详细描述了古代扎染过程：“撮揉以线结之，而后染色，既染，则解其结，凡结处皆原色，与则入染矣，其色斑斓。”制作时，依据设想的花纹图案，用针和线将织物缝成一定形状，或直接用线捆扎，然后抽紧扎牢，使织物皱拢重叠。染色时折叠处不易上染，而未扎结处则容易着色。浸染后，由于色浆部分渗进扎结部位，形成由深到浅的色晕，产生色调柔和、轮廓朦胧的痕迹美，层次丰富、自然过度的色晕美，产生变换迷离的艺术效果。绞缬的技法一般有缝绞、绑扎和打结三种。

(1) 缝绞法

利用针线按图案穿缝、然后抽紧，进行防染染色。新疆阿斯塔那墓出土的绞缬织物上的针眼和折皱至今仍依稀可见，显示了唐代高超的绞缬技术。

(2) 绑绞法

一种是把织物按点撮起、用线扎绞后染色即成。这是古代常见的绞缬方法，此法不需折叠，可得放射状的点、方块或圆形图案；另一种方法是织物按横向逐段扎结染色，其图案呈条带状。

（3）打结法

不用针线，直接将坯绸作经纬向或对角折叠，在不同位置上以织物自身打结抽紧即可，然后浸水染色，就能得到防白花纹。

● 蜡缬

蜡缬现称蜡染，实际是一种蜡防染，因最初用蜂蜡作防染剂而得名。我国的蜡染工艺源自西南地区的少数民族地区，距今已有两千多年的历史。1959 年，新疆民丰县尼雅出土了东汉时期的蜡染花布，说明在汉代蜡染工艺技术就已经成熟。该棉布以蓝色为地，白色显花。布的左下方为袒胸露怀的半身菩萨，双目斜视，颈戴串珠，手捧盛满葡萄的角形容器。这可能是我国发现的最早的蜡染布。

蜡染方法有两种：一种是镂空版，先夹好织物，往镂空处注入蜡液；另一种方法是用蜡刀，在平整的织物上绘出图案。两种方法都要等蜡液冷凝后，再将织物放入染缸中浸染。最后再用热水煮去织物表面的蜡质。后一种方法在浸染过程中，蜡膜上往往会产生裂纹，染料渗进去出现一丝丝不规则的“冰纹”，煞是好看。

日本正仓院收藏有唐代赠送的屏风数件，以树下动物为主题，工艺之精巧实在令人惊叹。树下立羊屏和树下立象屏是蜡缬中难得的精品。树下立羊屏突出羊的造型，神态生动，尤其是一对弯曲的犄角，不仅有所夸张，而且作了平面对称的处理，显得特别有神。树上的两只猴子惟妙惟肖，富有情趣。两个屏风造型风格相似，都是经过画蜡和点蜡工艺而成。

蜡染适宜于常温，温度过高过低都不可。蜡温过高容易损坏布料，常温下只有靛蓝染料适合使用，所以蜡染多为靛蓝单色染。目前在蜡源丰富的贵州等地还较完整地保留有蜡染的工艺，苗族、瑶族和布依族等少数民族地区，蜡缬仍是人们喜爱的衣料。

称为“古代三缬”的夹染、扎染和蜡染属于防染技术。从染缬的起源来看，古代“三缬”实际来自于劳动过程中的偶然经验，是人们在长期劳动中偶然发现的一种特殊效果。在一般的印染过程中，假如织物有油污或绞结的地方，容易造成染色不均匀或无法染色，印染效果不好，十分难看。本来是需要避免的问题，却被人们充分利用，反其道而行，借助于绳、蜡、夹等手段，千方百计地创造出另类美感，形成古老的防染技术。这些特殊的印染方法显示出劳动人民的聪明才智以及对美的创造能力。

古代丝绸

古代人类用于纺织的纤维均为天然纤维。地中海地区以前用于纺织的纤维仅是羊毛和亚麻，印度半岛地区在古代则用棉花。古老的中国除了使用以上三种纤维外，还大量使用一种特殊的长纤维——蚕丝。中国最著名的纺织品莫过于丝绸，它是举世公认的伟大发明之一，丝绸贸易带动了东西方文化的交流与发展。

“春蚕到死丝方尽”，蚕宝宝有可贵的精神。它们在结茧时吐出一种液体，液体中的丝蛋白和丝胶在空气中凝固形成长达 1000 米左右的丝状物。这种天然蚕丝韧性和弹性都非常好，能连续缫引，是纺织衣物的极好材料。一条小小的虫儿，为人类生活作出了巨大的贡献。中国古代妇女勤劳质朴，养蚕缫丝，纺织刺绣是她们的主要活动之一。精湛的制作，高超的工艺，在世界上产生了深远的影响，为中华民族赢得了“东方丝国”的美誉。

◇抽丝练丝

织造丝绸之前，有很多准备工作要做。蚕丝的主要成分是丝素和丝胶。丝素是蚕茧的主体，是一种近乎于透明的纤维。丝素外面包裹着一层黏性物质，称为丝胶。丝胶溶于水，且水温越高，溶解性越大。

●择茧缫丝清水煮

古人利用丝素和丝胶的不同特性，分解蚕茧，抽取蚕丝，这一过程称为缫丝。缫丝说起来简单，操作起来很复杂。大致有三道工序：一是选茧和剥茧；二是煮茧；最后是缫取。选茧时，将残茧、烂茧等不好的茧剔除，剩下的按茧形、茧色分类。剥茧是要将蚕茧外层的松乱茧衣剥去，这是保证缫丝质量必不可少的一项工作。煮茧的目的是软化蚕茧中的丝胶，使蚕丝容易解析。这道工序的关键是要控制煮茧的水温和时间。如果温度和时间不够，则丝胶溶解不好，抽丝困难，容易扯断。温度和时间太过，则丝胶过多溶解，丝条出现疲软。前后温度不均匀，则丝条不均匀。缫取是指搅动丝盆，找出丝头，摘掉粗丝头后，将几根合为一缕，络上缫丝车。

古人很早就对缫丝质量有所认识，积累了系统、完整的经验。从战国时期开始，历代都有此方面的著述。唐代诗人白居易《红线毯》中有诗句“择茧缫丝清水煮”，简短的七个字准确地概括了缫丝工艺的关键操作步骤。

● 练丝

缫丝之后，蚕丝中的丝胶和杂质尽管去掉一部分，但仍然有残留。为了易于染色并体现蚕丝纤维特有的柔软感、下垂感和光泽，需要进一步除去缫出来的生丝或用生丝织的坯绸上的丝胶和杂质。这一过程称为练丝。

古人练丝的历史很早，我国出土的殷代青铜器上粘有丝绸的残片，瑞典纺织史学家西尔凡研究之后，作出这样的评价：“毫无疑问，中国人对丝的处理早在殷代就达到了很高的标准了。”

古人练丝的方法主要有以下三种：(1)草木灰浸泡再日晒，这种方法早在《考工记》中就有记载。(2)猪胰子煮练法。《天工开物》中讲到，猪的胰脏和碎丝线一起捣烂作团，阴干并使其发酵，切片溶于含草木灰的沸水中，与需要练的丝帛一起沸煮。它的原理是用碱和酶的作用相结合，使脱胶快速、均匀，不伤丝质。(3)用木杵捶打。先用草木灰浸泡生丝或坯绸，再用木杵打击，使丝胶和杂质脱落。美国波士顿博物馆收藏有名画《捣练图》，是宋徽宗赵佶临摹唐代张萱的画作，形象地再现了唐代妇女捣练丝帛的情景。

以上三种方法中，以第二种最佳。猪的胰脏起酶的作用，可避免因捶打使丝素受损，胰酶练丝是纺织技术中一项很重要的发明，西方国家直到1931年才懂得用此法练丝。

◇丝绸织物

古代劳动人民在纺织过程中创造出众多的丝绸品种，具有代表性的品种有纱、罗、锻、绮、绫、绒、锦、缂丝等，其中尤以其价如金的锦、光洁如冰的绫、采茸柔拂的绒、滑润光亮的缎、富丽堂皇的妆花和图案精美的缂丝而蜚声全世界。

缂丝是我国传统的丝织工艺品之一。这是一种通过彩纬显现花纹使之形成花纹边界，具有雕琢镂刻的效果。缂织时，先在织机上安装好经线，经线下衬画稿或书稿，织工透过经丝，用毛笔将画样的彩色图案描绘在经丝面上，然后再分别用长约 10 厘米，装有各种丝线的小梭，依花纹图案分块缂织。

蜀锦是我国出名最早的织锦，有“名锦之首”之美誉，起源于战国时期，汉代已闻名全国，距今已有两千余年的历史。织锦工艺复杂，费时费工，价值相当于黄金。

宋锦始于宋末年，产于苏州、杭州一带的宋锦质地较薄，组织细密，是为宫廷服装和书画裱装的需要而产生的彩纬显花丝织物。

云锦原产地为南京，最初只在南京官办的江宁织造局中生产，用于宫廷服饰或赏赐。它始于元代，成熟于明代，形成富丽华贵、绚烂如云霞的独特风格。因时间不算久远，古代云锦的传世织物较多，以明代定陵中出土的万历皇帝的妆花龙袍最为著名。

后记

谨把本书献给祖国的未来和希望——广大未成年读者们。中国古代曾经取得巨大的科学技术成就，已证明中华民族有能力自立于世界民族之林。这也将鼓舞广大未成年读者发扬创新精神，坚定我们的信心，在尽可能短的时间内赶超世界先进水平。中国人应当为人类社会作出更大的贡献。

中国古代科学技术成就巨大，本书编写过程中，在资料择取方面可能有不当和疏漏之处，在介绍和叙述过程中，难免有讹误，真诚希望读者朋友和专家提出宝贵的意见和建议。

本书得以出版，首先归功于主编傅书华教授，丛书是他一手策划和创意的，而且在编写过程中，他给予我极大的支持、很好的建议和具体的指导，为本书得以完成付出了大量心血。其次，要感谢希望出版社，愿意和我们一起，为孩子们了解古代、珍惜现在、创新未来，扎扎实实做一些基础性工作。

2011.12